.NET 项目开发教程

主　编　余秋明
副主编　陈　璨　朱　勇　张小平

前　言

　　本教材是在学生学习过 C#程序设计课程理论知识之后侧重于真实的软件项目开发的教材，可用于专业学生软件工程实践类课程，也可作为软件开发人员基于.NET 项目实战开发参考。

　　本教材先是对 C#语法总结及知识点精讲，在学生具备一定的 C#语法知识的基础上再重点描述一个完整的真实软件项目开发过程，即采用 C#语言基于.NET 开发网上在线商城软件项目。该项目分阶段描述为项目准备阶段、项目启动阶段、系统分析与设计阶段、系统编码阶段、测试阶段、系统收尾阶段。在项目准备阶段描述了软件开发过程、软件开发流程模型、面向对象程序设计、团队分工、项目环境准备以及如何进行源代码管理；在项目启动阶段如何制订项目目标和项目总体计划；在系统分析与设计阶段如何进行需求调研、需求分析、软件原型设计、系统框架设计、功能用例设计、关键类设计、数据模型设计等；系统编码阶段如何实现编码存储过程，编码如何实现系统框架、各核心功能模块并进行单元测试等；在系统测试阶段如何选用测试工具，如何按照测试计划进行系统测试并撰写测试报告；最后要进行项目收尾，一般包括制作安装程序(包括制作、配置和测试)、系统验收等，验收完成后就进入系统运维阶段。

　　通过使用该教材，并在项目老师的指导下，学生能身临其境地、全阶段式参与项目并实战式地进行软件项目开发训练。相信学生能够快速提升项目开发能力，积累一定的软件开发经验，适应软件项目开发过程中的角色定位，从而为日后从事软件开发工作奠定基础。

　　本教材具有以下特点：

　　1. 注重语法基础与提高：本教材前面章节从学生已经学过 C#程序设计课程的角度出发，对软件开发技术中使用到的语法知识进行总结和归纳，并有侧重点地进行知识点精讲，由浅入深，逐步提高编程的基础知识；

　　2. 注重项目实战描述：本教材重点突出描述完整的真实的软件项目开发过程，让学生不仅仅了解基础知识、编程知识，而且重点了解软件是怎么开发出来的，软件项目是怎样进行设计、实现、管理的；

　　3. 注重学生亲自参与：本教材编写的真实的软件项目开发过程，不仅仅让学生了解其开发过程，重点还在于设计的项目学生能够在指导老师的指导下亲自动手，身临其境地全程参与进来，每个软件开发阶段学生都可亦步亦趋地学习，亲身体会软件开发过程，进行软件项目实战。

  本教材由余秋明、陈瓅编写第一篇章,中软国际(厦门)公司教学总监朱勇、教学部讲师张小平编写第二篇章,最后由余秋明负责全书统稿。

  由于编者水平有限,书中难免存在疏漏和不足之处,敬请专家与读者批评指正。

编 者

2017 年 9 月

目 录

第一篇　技术储备篇

第1章　.NET平台概述 …………………………………………………………… (3)

1.1　.NET概述 ……………………………………………………………………… (3)

1.2　C#语言概述 …………………………………………………………………… (5)

1.3　熟悉 Visual Studio 开发环境 ………………………………………………… (7)

第2章　C#基础知识 ……………………………………………………………… (10)

2.1　变量 …………………………………………………………………………… (10)

2.2　表达式和运算符 ……………………………………………………………… (15)

2.3　程序流程控制 ………………………………………………………………… (17)

2.4　类及对象 ……………………………………………………………………… (20)

2.5　类成员 ………………………………………………………………………… (23)

第3章　ADO.NET ………………………………………………………………… (32)

3.1　ADO.NET概述 ……………………………………………………………… (32)

3.2　ADO.NET访问数据库一般步骤 …………………………………………… (35)

3.3　DataSet 数据查询与更新 …………………………………………………… (50)

第二篇　项目实战篇

第4章　准备阶段 ………………………………………………………………… (63)

4.1　软件开发过程 ………………………………………………………………… (63)

4.2　软件开发流程模型 …………………………………………………………… (65)

4.3 面向对象分析设计 ……………………………………………………… (70)

4.4 团队分工 ………………………………………………………………… (74)

4.5 项目环境 ………………………………………………………………… (78)

4.6 源代码管理 ……………………………………………………………… (79)

第5章 项目启动阶段 ………………………………………………………… (96)

5.1 项目案例介绍 …………………………………………………………… (96)

5.2 项目范围 ………………………………………………………………… (96)

5.3 项目总体计划 …………………………………………………………… (97)

第6章 系统分析与设计阶段 ………………………………………………… (103)

6.1 需求调研 ………………………………………………………………… (103)

6.2 需求分析 ………………………………………………………………… (105)

6.3 原型设计 ………………………………………………………………… (113)

6.4 系统框架设计 …………………………………………………………… (121)

6.5 功能用例设计 …………………………………………………………… (122)

6.6 关键类设计 ……………………………………………………………… (132)

6.7 数据模型设计 …………………………………………………………… (133)

第7章 系统编码阶段 ………………………………………………………… (141)

7.1 存储过程实现 …………………………………………………………… (141)

7.2 系统框架实现 …………………………………………………………… (143)

7.3 单元测试 ………………………………………………………………… (167)

7.4 登录页面 ………………………………………………………………… (173)

7.5 网站主页 ………………………………………………………………… (188)

7.6 核心功能模块实现 ……………………………………………………… (208)

7.7 报表实现 ………………………………………………………………… (292)

第8章 测试阶段 ……………………………………………………………… (300)

8.1 测试工具 ………………………………………………………………… (300)

8.2 测试计划 ………………………………………………………………… (302)

8.3 系统测试 ………………………………………………………………… (303)

8.4 测试报告 ………………………………………………………………… (306)

第9章 收尾阶段 (308)

9.1 安装制作 (308)
9.2 系统验收 (317)
9.3 系统运维 (321)

参考文献 (323)

第一篇 技术储备篇

第一章 污水排放量

第 1 章 .NET 平台概述

1.1 .NET 概述

.NET 平台指的是.NET 框架(.NET Framework)。.NET 框架(.NET Framework)是由微软开发的，一个致力于敏捷软件开发(Agile Software Development)、快速应用开发(Rapidapplication Development)、平台无关性和网络透明化的软件开发平台。它不仅是一个软件开发平台，同时也是.NET 开发出来的程序必备运行环境。.NET Framework 支持生成和运行下一代应用程序和 XML Web Services 的内部 Windows 组件。Microsoft 正在五个方面创建.NET 平台，即工具、服务器、XML Web 服务、客户端和.NET 体验。Microsoft.NET 平台包含广泛的产品系列，它们都是基于 XML 和 Internet 行业标准构建，提供从开发、管理、使用到体验 XML Web 服务的方方面面。

1.1.1 .NET Framework

.NET Framework 的目的就是要让建立 Web Services 以及因特网应用程序的工作变得简单。.NET Framework 的体系结构包括 5 大部分，它们是：
(1) 程序设计语言及公共语言规范(CLS)；
(2) 应用程序平台(ASP.NET 及 Windows 应用程序等)；
(3) ADO.NET 及类库；
(4) 公共语言运行库(CLR)；
(5) 程序开发环境(Visual Studio.NET)。
其结构如图 1-1 所示。
.NET Framework 旨在实现下列目标：
(1) 提供一个一致的面向对象的编程环境，无论对象代码是在本地存储和执行的，还是在本地执行但在 Internet 上分布的，或者是在远程执行的。
(2) 提供一个将软件部署和版本控制冲突最小化的代码执行环境。
(3) 提供一个可提高代码(包括由未知的或不完全受信任的第三方创建的代码)执行安全性的代码执行环境。
(4) 提供一个可消除脚本环境或解释环境的性能问题的代码执行环境，使开发人员的经验在面对类型大不相同的应用程序(如基于 Windows 的应用程序和基于 Web 的应用程序)时保持一致。

图 1-1 .NET Framework 体系结构

1.1.2 公共语言运行库(CLR)

公共语言运行库是.NET Framework 的基础，它为多种语言(例如 C#、VB、VC++等)提供了一种统一的运行环境。可以将公共语言运行库看做是一个在执行程序时进行代码管理的"工具"，代码管理的概念是运行库的基本原则。以运行库为目标的代码称为托管代码，而不以运行库为目标的代码称为非托管代码。托管代码具有许多优点，如跨语言集成、跨语言异常处理、增强的安全性、调试和分析服务等。公共语言运行库结构如图 1-2 所示。

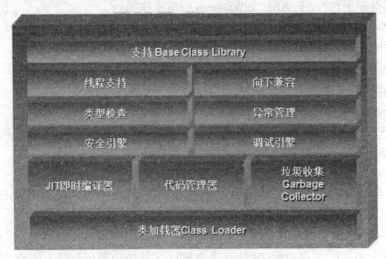

图 1-2 公共语言运行库结构

1.1.3 .NET 程序编译、运行过程

.NET 的编译和运行过程与传统代码类似,但有自己的独特之处。无论是 C#语言,还是 VB.NET 语言,编写的程序代码(称为.NET 托管代码),都是先被编译成中间语言 IL (Intermediate Language),在运行时,再由即时编译器(JIT,Just-In-Time)编译成本机代码,同时.NET 代码运行时有一个 CLR 环境来管理程序。.NET 代码编译运行过程如图 1-3 所示。

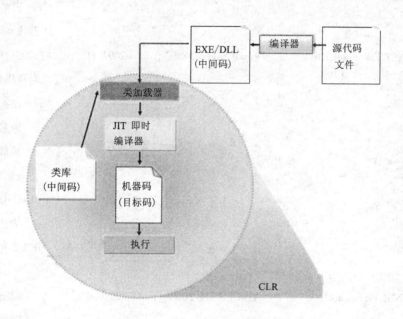

图 1-3 .NET 代码编译运行过程

1.2 C#语言概述

1.2.1 C#发展历程

C#是微软公司推出的一种语法简洁、类型安全的面向对象的编程语言,是由 C 和 C++衍生出来的。它在继承 C 和 C++强大功能的同时去掉了它们的一些复杂特性(例如没有宏以及不允许多重继承)。C#综合了 VB 简单的可视化操作和 C++的高运行效率,以其强大的操作能力、优雅的语法风格、创新的语言特性和便捷的面向组件编程的支持成为.NET 开发的首选语言。

C#是微软公司在 2000 年 6 月发布的全新编程语言。在其诞生后的十多年里,为了帮助开发人员更好地使用 C#语言来编写应用程序,微软不断地更新 C#语言的版本,每次升级都能带来让用户眼前一亮的新特性。表 1-1 列出了 C#每个版本中所更新的特性和对应的.NET Framework 版本。

表1-1 C#各版本的新特性及对应的.NET Framework版本

C#版本	.NET Framework版本	Visual Studio版本	发布日期	特性
C#1.0	.NET Framework1.0	Visual Studio.NET 2002	2002.1	委托事件
C#1.1	.NET Framework1.1	Visual Studio.NET 2003	2003.4	APM
C#2.0	.NET Framework2.0	Visual Studio 2005	2005.11	泛型
				匿名方法
				迭代器可空类型
C#3.0	.NET Framework3.0	Visual Studio 2008	2007.11	隐式类型的局部变量
				对象集合初始化
				自动实现属性
				匿名类型
				扩展方法
				查询表达式
				Lambda 表达式
				表达式树
				分部类和分部方法
				Linq
C#4.0	.NET Framework4.0	Visual Studio 2010	2010.4	动态绑定
				命名和可选参数
				泛型的协变和逆变
				互操作性
C#5.0	.NET Framework4.5	Visual Studio 2012	2012.8	异步和等待调用

从表1-1可以看出,对于C#的每一个版本,微软都是围绕某个主题进行更新的

1.2.2 C#语言特点

用C#语言进行程序设计的目的是为了与.NET框架协同工作,它具有以下主要特征。

(1)简洁的语法。不允许直接操作内存,去掉了指针操作。

(2)精心的面向对象设计。C#具有面向对象语言应有的一切特征:封装、继承和多态。

(3)与Web的紧密结合。C#支持绝大多数的Web标准,如HTML、XML、SOAP。

(4)完整的安全性和错误处理。可以消除软件开发中的常见错误(如语法错误),.NET提供的垃圾回收器能够帮助开发者有效地管理内存资源。

(5)版本处理技术。C#在语言中内置了版本控制功能,提供了接口和接口继承的支持,这些特征可以保证复杂的软件能被方便地开发和升级。

(6)灵活性和兼容性。因为C#遵循.NET的公共语言规范(CLS),从而保证能够与其他语言开发的组件兼容。

1.2.3　C#语言编程环境

目前，开发和运行 C#程序有多种选择，例如，用户可以从微软免费获取 .NET 的软件开发工具箱（SDK）或购买功能强大的 Visual Studio. NET 开发环境，各自的特点如下：

SDK 包含编译、运行和测试 C#程序的所有资源，它包含 C#语言编译器、JIT 编译器和相关文档。唯一不含有的是用来输入和编辑 C#程序的文本编辑器。

Visual Studio. NET 是微软的完整开发环境，它包含一个集成开发环境（IDE）和高级 C#编辑器，同时还支持程序调试及许多可提高开发人员效率的附加功能。

Visual Studio. NET 和 SDK 使用相同的 C#编译器、JIT 编译器和 CLR（公共语言运行环境）等程序调试工具来编译和运行程序，但更推荐使用提供了工具包的 Visual Studio. NET，因为它可以让用户更轻松设计和编写 C#程序。

1.3　熟悉 Visual Studio 开发环境

1.3.1　认识 Visual Studio

Visual Studio 是一套完整的开发工具，用于生成 Windows 桌面应用程序、控制台应用程序、ASP. NET Web 应用程序、XML Web Services 和移动应用程序等，它提供了在设计、开发、调试和部署 Windows 应用程序、Web 应用程序、XML Web Services 和传统的客户端应用程序时所需要的工具。目前 Visual Studio 最新版本为 2012，但目前使用比较广泛的有 VS2008，VS2010。Visual Studio2008 开发界面如图 1 – 4 所示。

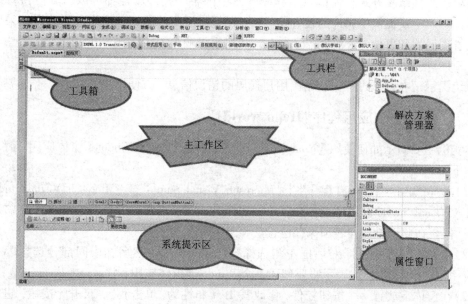

图 1 – 4　Visual Studio 2008 界面

1.3.1.1 工具栏

为了操作更方便、快捷,菜单项中常用的命令按功能分组分别放入相应的工具栏中。通过工具栏可以迅速地访问常用的菜单命令。常用的工具栏有标准工具栏和调试工具栏。

(1)标准工具栏包括大多数常用的命令按钮,如新建项目、添加项目、打开文件、保存、全部保存等。

(2)调试工具栏包括对应用程序进行调试的快捷按钮。

1.3.1.2 工具箱

工具箱提供了进行.NET应用程序开发的常用控件。通过工具箱,开发人员可以方便地进行可视化的床体设计,简化了程序设计的工作量,提高了工作效率。在Windows窗体应用程序中,根据控件功能的不同,将工具箱分为12个栏目。

单击某个栏目,显示该栏目下的所有控件。当需要某个控件时,可以通过双击所需要的控件直接将控件加载到窗体上,也可以先单击选择需要的控件,再将其拖动到设计窗体上。工具箱中的控件可以通过工具箱右键菜单来控制,如实现控件的排序、删除、显示方式等。

1.3.1.3 主工作区

在Visual Studio中主工作区可分为窗体设计器或代码设计器两种模式,通过单击主工作区中的选项卡进行切换。

(1)窗体设计器:是一个可视化窗口,开发人员可使用鼠标将工具箱中的控件直接拖放到窗体设计窗口中。

(2)代码设计器:可通过单击"代码设计器"选项卡或双击窗体设计器方式进入代码设计器窗口,开发人员可以在该设计窗口中编写C#代码。

1.3.1.4 属性窗口

属性窗口是Visual Studio中一个重要的工具,该窗口为Windows窗体应用程序的开发提供了简单的属性修改方式。窗体应用程序开发中的各个控件属性都可以由属性窗口设置完成。属性窗口不仅提供了属性的设置及修改,还提供了事件的管理功能。属性窗口采用了两种方式管理属性和事件,分别为按分类方式和按字母顺序方式。

1.3.1.5 系统提示区

系统提示区在调试过程中会给出用户代码的错误信息,方便用户修改。

1.3.2 创建第一个应用程序"Hello world!"

本实例主要演示如何使用Visual Studio开发环境创建一个Windows窗体应用程序,开发步骤如下:

(1)选择"开始"|"所有程序"|"Microsoft Visual Studio"|"Microsoft Visual Studio"选项,进入Visual Studio开发环境。在菜单栏选择"文件"|"新建项目"选项,将弹出"新建项目"对话框。在此设置文件名和保存位置。

(2)首先在"新建项目"对话框左侧选择"Windows"项,然后在中间部分选择"Windows窗体应用程序"项,这样就表示将要创建一个Windows窗体应用程序。

(3)在窗体上放置一个按钮控件,修改其Text属性为"单击我",双击此按钮,进入代码设计器,添加如下代码:

```
private void button1_Click(object sender, EventArgs e)
```

}
MessageBox.Show("Hello world","提示信息");
}

具体运行界面如图1-5所示。

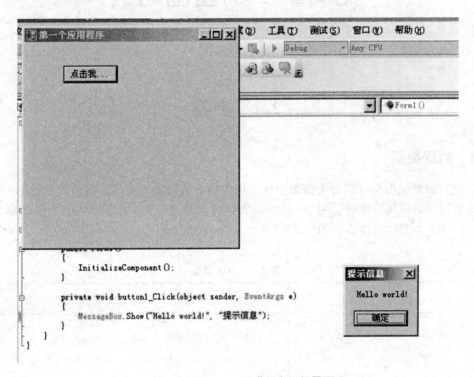

图1-5 "Hello world"程序运行界面

第 2 章　C#基础知识

2.1　变量

2.1.1　数据类型

C#语言的常用类型可以分为值类型和引用类型。值类型的变量直接包含其数据，引用类型的变量只存储对其数据的引用（即访问其数据的访问地址）。引用类型的变量又称为对象（object）。C# 类型的具体说明如表 2-1 所示。

表 2-1　C# 类型

类型		描述
值类型	基本类型	符号整型：sbyte, short, int, long
		无符号整型：byte, ushort, uint, ulong
		unicode 字符：char
		浮点型：float, double
		精度小数：decimal
		布尔型：bool
	枚举类型	枚举定义：enum name{}
	结构类型	结构定义：struct name{}
引用类型	类类型	最终基类：object
		字符串：string
		定义类型：c;ass ma, e
	接口类型	接口定义：interface
	数组类型	数组定义：int[]
	委托类型	委托定义：delegate　name

引用类型是 C#的主要类型,在引用变量中保存的是对象的内存地址。引用类型具有以下 5 个特点。

(1)需要在委托中为引用类型变量分配内存。

(2)需要使用 new 运算符创建引用类型的变量,并返回创建对象的地址。

(3)引用类型变量是由垃圾回收机制来处理的。

(4)多个引用类型变量都可以引用同一对象,对一个变量的操作会影响到另一个变量所引用的同一对象。

(5)引用类型变量在被赋值前的值都是 null。

C#中所有被称为类的变量类型都是引用类型,包括类、接口、数组和委托。

值类型是组成应用程序的最为常见的类型之一,能够存储应用数值。在访问值类型变量时,一般直接访问其实例名。值类型变量的值不能为 null。C#中的基本数据类型分为整型、实型、字符型,它们是构造其他类型的基础。基本数据类型具体如表 2 – 2 所示。

表 2 – 2 基本数据类型

类型		说明	范围
整型	sbyte	8 位有符号整数	– 128 ~ 127
	short	16 位有符号整数	– 32768 ~ 32767
	int	32 位有符号整数	– 2147483648 ~ 2147483647
	long	64 位有符号整数	– 9223372036854775808 ~ 9223372036854775807
	byte	8 位无符号数	0 ~ 255
	ushort	16 位无符号数	0 ~ 65535
	unit	32 位无符号数	0 ~ 4294967295
	ulong	64 位无符号数	0 ~ 18446744073709553615
实型	float	精确到 7 位数	$1.5 \times 10^{45} \sim 3.4 \times 10^{38}$
	double	精确到 15 ~ 16 位	$50 \times 10^{-324} \sim 1.7 \times 10^{308}$
	decimal	28 ~ 29 位有效数	$(-7.9 \times 10^{28} \sim 7.9 \times 10^{28})/(100^{28})$
字符型	char	无符号 16 位整数	0 ~ 65535,16 位的统一码字符
布尔类	bool		只有两个取值 true 和 false

值类型和引用类型有着非常大的区别,我们通过下面的实例来体会一下。

如果我们创建两个值类型变量 i 和 j,比如:

int i = 10;

int j = 20;

则 i 和 j 彼此完全独立,并且分配了不同的内存位置,如图 2 – 1 所示。如果我们改变这些变量中的某一个的值,另一个自然不会受到影响。

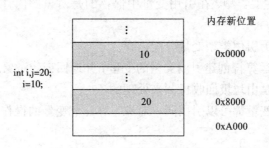

图 2-1 存储位置

然而,引用类型的做法却不同。例如,我们可以这样声明两个变量:
class myClass{…}
myClass a = new myClass();
myClass b = a;

第一行在内存中创建了 myClass 的一个实例,并且将 a 设置为引用该实例。因此,当将 b 设置为等于 a 时,它就包含了对内存中类的引用的重复。如果我们现在改变 b 中的属性,a 中的属性就将反映这些改变,因为这两者都指向内存中的相同对象,内存存储情况如图 2-2 所示。

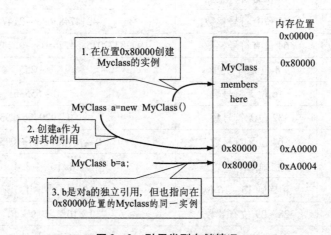

图 2-2 引用类型存储情况

在 C#中,将值类型转换为引用类型的过程叫做装箱,将引用类型转换为值类型的过程叫做拆箱,装箱和拆箱在值类型和引用类型之间架起了一座沟通的桥梁。

在下述代码中,首先定义了变量 mm 的数值类型为 int,且初始值为 100;然后对 mm 的值进行装箱,处理为对象 nn。具体代码如下:

```
Class Program
{    public static voidMain()
    {
        int mm = 100;// 定义值类型变量
```

```
        object nn = mm;//将值类型变量值装箱到引用类型对象
        Console.WriteLine("值为{0},装箱对象为{1}", mm, nn);
mm = 200;
        Console.WriteLine("值为{0},装箱对象为{1}", mm, nn);
        Console.ReadLine();
    }
}
```

代码运行结果为:

值为 100,装箱对象为 100

值为 200,装箱对象为 100

在下述代码中,首先定义了变量 mm 的数值类型为 int,且初始值为 200;然后对 aa 的值进行装箱,处理对象为 bb。具体代码如下:

```
Class Program
{
  public static voidMain()
  {
    int aa = 200;//定义一个值类型变量
    object bb = aa;//将值类型变量的值装箱到一个引用类型对象中
    Console.WriteLine("值为{0},装箱对象为{1}", aa, bb);
    int cc = (int) bb;//取消装箱
    Console.WriteLine("值为{0},装箱对象为{1}", bb, cc);
    Console.ReadLine();
  }
}
```

代码运行结果为:

装箱处理,值为 200,装箱对象为 200

拆箱处理,装箱对象为 200,值为 200

2.1.2 程序结构

程序包含多个.cs 文件,每个.cs 文件包含 0 个或多个命名空间,每个命名空间包含 0 个或多个类及接口的定义,每个类中含有 0 个或多个变量及方法,每个方法中含有 0 个或多个局部变量定义及语句。

语句是 C#程序的基本单位之一,每一条语句都由分号";"结束。在 C#中是严格区分大小写的。每一个程序只有一个程序入口,即一个 Main()方法,在该方法中可以创建对象和调用其他方法,默认的 Main 方法代码如下:

```
static void Main(string[] args)
{
}
```

在 C#程序中命名空间用于定义作用域,通过声明命名空间,开发人员就可以为 C#应用程序提供一个层次结构。一个 C#源程序可以由多个源代码文件所组成,每个源代码文件又可以包含多个命名空间，一个命名空间中又可以包含其他命名空间，这种多层次的结构构成一个 C#程序。

命名空间的声明形式：

namespace　标识符

比如：　namespace Mycompany
　　　　　｛
　　　　　　public class Myclass
　　　　　　｛
　　　　　　　public static void Dosomething( )　｝
　　　　　｝

C#中常用的命名空间如表 2-3 所示。

表 2-3　C#中常用的命名空间

方法	说明
System	定义通常使用的数据类型和数据类型的基本.NET 类
System.collections	定义列表、队列等字符串表
System.Text	提供 ASCII、Unicode、UTF-7 和 UTF-8 字符编码处理
System.Data	定义 ADO.NET 数据库结构
System.Drawing	提供对基本图形功能的访问
System.Web	提供浏览器和 Web 服务器功能

使用 using 语句可以访问一个命名空间中所有的类。用 using 语句指定命名空间以后，就可以直接使用这个命名空间内的类型和方法，而不需要指出类型和方法所在的命名空间。比如：

System.Console.WriteLine("Hello")；

如果使用了 using 语句：using System；

就可以写成 Console.WriteLine("Hello")；

此外，using 语句也可以用来创建别名，比如：

using Abc = System.Console；

则 System.Console.WriteLine("hello")；可以写成 Abc.WriteLine("hello")；

2.1.3　标识符

标识符是指在程序中用来表示事物的单词，在命名时最好具有一定的含义。C#中的标识符的命名规则如下：

（1）标识符只能由数字、字母和下划线组成。

（2）标识符必须以字母或者下划线开头。

（3）标识符不能是关键字。

2.1.4　常量和变量

常量是指在程序运行过程中，其值不会发生改变的数据。依据常量所属数据类型的不同，分为数值常量、符号常量。C# 中使用关键字 const 来声明常量，并且在声明常量时，必须对其进行初始化，例如：

```
class program
{…
    public const double PI = 3.1415926；    //声明常量
…
}
```

在 C#中常见的常量有：布尔常量、整型常量、实数常量、字符常量、字符串常量等。十进制整型常量如 100，-39，十六进制用 0x 开头如 0x1a；；长整型在数字后加上 l，无符号常量则在数字后面加上 u。实型常量可以使用普通小数方式也可以使用指数方式(1.23E2)。字符常量是用单引号表示，如'A'，还可以用\u 后面跟十六进制数如\u0041 表示字母 A，还有转义字符，与 C 语言类似。

变量是随着程序运行，其值不断发生变化的量。变量通常用来保存程序运行过程中的输入数据、计算获得的中间结果和最终结果等。在 C#语言中，变量必须先声明后使用。声明一个变量是由一个类型和跟在后面的一个或多个变量名组成，多个变量之间用逗号分开，声明变量以分号结束，其基本形式如下：

类型说明符　变量名 1[= 初始值 1，变量名 2 = 初始值 2，…]

例如，下列两条语句声明了两个 int 型变量和 3 个 float 型变量：

int num, total；

float v, r, h；

在定义一个变量的同时，也可以给它赋予初值，例如：

int a = 3；

double f = 3.56；

声明变量时，要注意变量名的命名规则与标识符的命名规则一致，C# 中变量名是区分大小写的。

2.2　表达式和运算符

通常当要进行某种计算时，都要首先列出算式，然后求解其值。在程序中，表达式是计算求值问题的基本单位。表达式可简单地理解为用于计算的公式，它由运算符、操作数和括号组成。

2.2.1　运算符

C# 语言中定义了丰富的运算符，如算术运算符、关系运算符、逻辑运算符等。运算符具有优先级与结合性。当一个表达式中包含多个运算符时，先进行优先级高的运算，再进行优先级低的运算。如果表达式中出现多个相同优先级的运算，运算顺序就要看运算符的结合性了。所谓结合性是指当一个操作数左右两边的运算符优先级相同时，按什么样的顺序进行运算，是自左向右，还是自右向左。在表 2 - 4 中列出了 C# 中常用运算符的优先级与结合性。

表 2-4 运算符优先级

优先级	运算符	结合性
1	[ ], ( ), . , ->, 后置++, 后置--	左→右
2	前置++, 前置--, sizeof, &, *, +(正号), -(负号), ~, !	右→左
3	(强制转换类型)	右→左
4	.*, ->*	左→右
5	*, /, %	左→右
6	+, -	左→右
7	<<, >>	左→右
8	<, >, <=, >=	左→右
9	==, !=	左→右
10	&	左→右
11	^	左→右
12	|	左→右
13	&&	左→右
14	||	左→右
15	?:	右→左
16	=, *=, /=, %=, +=, -=, <<=, >>=, &=, ^=, |=	右→左
17	,	左→右

除上述常用运算符，C#还有一些运算符不能简单地归到某个类型中，下面对这些特殊的运算符进行详细讲解。

2.2.1.1 is 运算符

is 运算符用于检查变量是否为指定的类型。如果是，返回真；否则，返回假。特别注意，is 运算符是不能重载的。

2.2.1.2 as 运算符

as 运算符用于在兼容的引用类型之间进行转换，但是，如果无法进行转换，则 as 返回 null。

2.2.1.3 条件运算符(?:)

条件运算符是 C#语言中唯一的 3 目运算符，其计算原则是：如果条件为 true，则计算表达式 1，将其作为计算结果；如果条件为 false，则计算表达式 2，将其作为计算结果。例如："5>3? 3+4: 3.5+3.2"的计算结果为 7。

2.2.1.4 new 运算符

该运算符用于创建对象，例如：

class obj = new class( );

2.2.1.5 typeof 运算符

该运算符用于获取系统命名空间中的数据类型，例如：

System. Type type = typeof(int) ;

2.2.2 表达式

表达式是由运算符和操作数组成的。运算符设置对操作数进行什么样的运算。例如：+、-、*、/都是运算符，操作数包括文本、常量、变量和表达式等。常见的表达式可分为赋值表达式、算术表达式、关系表达式、逻辑表达式。例如：

i = i * i + 16;

2.3 程序流程控制

语句是对计算机下达的命令，每一个程序都是由很多个语句组合起来的，也就是说语句是组成程序的基本单元，同时它也控制着整个程序的执行流程。本节将对 C# 中的流程控制语句进行讲解。

2.3.1 用 if 语句实现选择结构

if 语句是专门用来实现选择型结构的语句。语法格式如下：

if(表达式) 语句1；

else 语句2；

执行顺序是：首先计算表达式的值，若表达式为 true 则执行语句1，否则执行语句2，如图2-3 所示。

其中语句1和语句2不仅可以是一条语句，而且可以是大括号括起来的多条语句(称为符合语句)。

例如：

if(x > y)

    Console. WriteLine("{0}", x);

else

    Console. WriteLine("{0}", y);

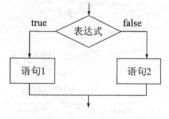

图 2 - 3 选择结构

实现了从 x 和 y 中选择较大的一个输出。

if 语句中的语句2可以为空，当语句2为空时，else 可以省略，成为如下形式：

if(表达式) 语句；

例如：

if(x > y) Console. WriteLine("{0}", x);

2.3.2 多重选择结构

有很多问题是一次简单的判断所解决不了的，需要进行多次判断选择。这有以下几种方法。

2.3.2.1 嵌套的 if 语句

语法形式：

if(表达式1)

    if(表达式2) 语句1

else 语句 2
else
if(表达式 3) 语句 3
else 语句 4

2.3.2.2　if……else if 语句

如果 if 语句的嵌套都是发生在 else 分支中，就可以应用 if……else if 语句。语法形式为：
if(表达式 1) 语句 1
else　if(表达式 2) 语句 2
else　if(表达式 3) 语句 3
⋮
else 语句 n

其中，语句 1，2，3，…，n 可以是复合语句。if……else if 语句的执行顺序如图 2 - 4 所示。

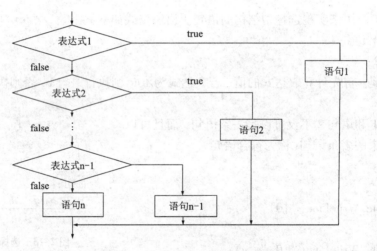

图 2 - 4　if……else if 语句流程图

2.3.2.3　switch 语句

在有的问题中，虽然需要进行多次判断选择，但是每一次都是判断同一表达式的值，这样就没有必要在每一个嵌套的 if 语句中都计算一遍表达式的值，为此 C# 中由 switch 语句专门用来解决这类问题。switch 语句的语法形式如下：
switch(表达式)
{　case　常量表达式 1：语句 1
　case　常量表达式 2：语句 2
　⋮
　case　常量表达式 n：语句 n
　default：语句 n + 1
}

switch 语句的执行顺序是：首先计算 switch 语句中表达式的值，然后在 case 语句中寻找值相等的常量表达式，并以此为入口标号，由此开始顺序执行。如果没有找到相等的常量表达式，则从"default："开始执行。

使用 switch 语句应注意下列问题：

(1) switch 语句后面的表达式可以是整型、字符型、枚举型。

(2) 每个 case 分支可以有多条语句，但次序不影响执行结果。

(3) 每个 case 语句只是一个入口标号，并不能确定执行的终止点，因此每个 case 分支最后应该加 break 语句，用来结束整个 switch 结构，否则会从入口点开始一直执行到 switch 结构的结束点。

(4) 当若干分支需要执行相同操作时，可以使多个 case 分支共用一组语句。

2.3.3 循环结构

在 C# 中有如下 3 种循环控制语句。

2.3.3.1 while 语句

语法形式：

while（表达式） 语句

执行顺序是：先判断表达式（循环控制条件）的值，若表达式的值为 true，再执行循环体（语句）。图 2-5 所示是 while 语句的流程图。使用 while 语句时应该注意，一般来说在循环体中，应该包含改变循环条件表达式值的语句，否则会造成无限循环。

2.3.3.2 do……while 语句

语法形式：

do 语句

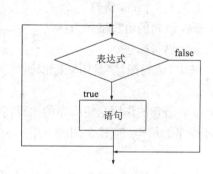

图 2-5 while 语句的流程图

while(表达式);

执行顺序是：先执行循环体语句，后判断循环条件表达式的值，表达式为 true 时，继续执行循环体，表达式为 false 则结束循环。图 2-6 所示是 do……while 语句的流程图。与应用 while 语句时一样，应该注意，在循环体中要包含改变循环条件表达式值的语句，否则会造成无限循环（死循环）。

2.3.3.3 for 语句

for 语句的使用最为灵活，既可以用于循环次数确定的情况，也可以用于循环次数未知的情况。

for 语句的语法形式如下：

for(初始语句；表达式1；表达式2)

　　　　语句；

关于 for 语句有以下几点需要注意：

(1) 初始语句、表达式1、表达式2 都可以省略，分号不能省略。

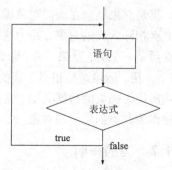

图 2-6 do…while 语句的流程图

(2) 表达式1 是循环控制条件，如果省略，循环将无终止地进行下去。一般在循环控制条件中包含一个在循环过程中会不断变化的变量，该变量称为循环控制变量。

（3）初始语句可以是一个表达式语句或声明语句。若它是一个表达式语句，该表达式一般用于给循环变量赋初值，也可以是与循环控制变量无关的其他表达式。

（4）当初始语句是一个声明语句时，一般用初始表达式定义循环变量并为它赋值。在初始语句中声明的变量，只在循环内部有效。

（5）如果省略初始和表达式2，只有表达式1，则完全等同于 while 语句。

2.3.4 其他控制语句

2.3.4.1 break 语句

该语句出现在 switch 语句或循环体中时，使程序从循环体和 switch 语句内跳出，继续执行逻辑上的下一条语句。break 语句不宜用在别处。

2.3.4.2 continue 语句

该语句可以出现在循环体中，其作用是结束本次循环，接着开始判断决定是否继续执行下一次循环。

2.3.4.3 goto 语句

goto 语句的语法格式为：

goto 语句标号

其中"语句标号"是用来标识语句的标识符，放在语句的最前面，并用冒号（:）与语句分开。

goto 语句的作用是使程序的执行流程跳转到语句标号所指定的语句。goto 语句的使用会破坏程序的结构，应该少用或不用。

2.4 类及对象

类是一种数据结构，它表示对现实生活中一类具有共同特征的事物的抽象，是面向对象编程的基础。

2.4.1 类的概念

类是对象概念在面向对象编程语言中的反映，是相同对象的集合。类描述了一系列在概念上有相同含义的对象，并为这些对象统一定义了编程语言上的属性和方法。例如，水果可以看做是一个类，苹果、梨、葡萄都是该类的子类（派生类），苹果的生产地、名称（如富士苹果）、价格、运输途径相当于该类的属性，苹果的种植方法相当于类方法。简而言之，类是 C# 中功能最为强大的数据类型，它定义了数据成员（字段、属性等）的行为，程序开发人员可以创建作为此类的实例的对象。

2.4.2 类的声明

C# 中，类是使用 class 关键字来声明的，语法如下：

类修饰符　class 类名

}
}
下面介绍常用的几种类修饰符。
public：表示该类是公开的，访问不受限制。
protected：表示该类只能是本身或其派生的类访问。
internal：表示该类只能是在当前应用程序中访问。
private：只有.NET 中的应用程序或库才能访问。
abstract：抽象类，不允许建立类的实例。
sealed：密封类，不允许被继承。

2.4.3 对象

2.4.3.1 对象的声明和实例化

对象是具有数据、行为和标识的编程结构，它是面向对象应用程序的一个组成部分。这个组成部分封装了部分应用程序，这部分程序可以是一个过程、一些数据或一些更抽象的实体。

对象包含变量成员和方法类型，它所包含的变量组成了存储在对象中的数据，而其包含的方法可以访问对象的变量。

C#中对象是类的实例化，它是表示创建类的一个实例。"类的实例"和对象表示相同的含义，但"类"和"对象"是完全不同的概念。对象首先要进行声明：

类名　变量名；

创建对象的一般格式如下：

变量名 = new 构造方法(参数)；

声明和创建可以合写成一句：

类名　变量名 = new 构造方法(参数)；

如：Person p1 = new Person("Jenny")；

new 是新建对象的运算符，开辟空间并执行相应的构造方法，返回该对象的一个引用(对象实体所在的内存地址)。

如下述代码定义了一个 Student 类，该类有 3 个域：年龄、姓名和性别。

为该类编写构造函数，参数为 3 个：int、string、string。

在主方法中创建一个实例 s1，对域进行初始化并输出 3 个域的值。

```csharp
using System;
class Student
{   int age;
    string name;
    string sex;
    public Student( int a, string na, string s)
    {   age = a;
    name = na;
    sex = s;
```

```
        }
    }
    class App
    {
        public static void Main( )
        {
            Student s1 = new Student(23, "zhanghua", "female");
            Console.WriteLine(" {0}, {1}, {2}", s1.age, s1.name, s1.sex);
        }
    }
```

2.4.3.2 类与对象的关系

类是一种数据类型,而对象是一个类的实例。例如,将农民设计为一个类,张三和李四就可以各为一个对象。对象是类的具体实体。只有定义类的对象时,才会给对象分配相应的内存空间。

2.4.4 抽象类

抽象类使用 abstract 修饰符,它用于表示所修饰的类是不完整的,并且它只能用作基类。抽象类与非抽象类有以下 4 个方面的区别。

(1) 抽象类不能直接实例化。如果抽象类使用 new 运算符,则编译时会发生错误。
(2) 允许(但不要求)抽象类包含抽象成员。
(3) 抽象类不能被密封。
(4) 当从抽象类派生非抽象类时,这些非抽象类必须实现所继承的所有抽象成员,即重写这些抽象成员。

例如下述代码声明了一个抽象类。

```
abstract class B
{
    public void G( ){ }
}
```

接口使用 interface 修饰符,它定义一种协议,实现该接口的类或结构必须遵循该协议。它和抽象类存在以下 6 个方面的区别。

(1) 一个类能实现多个接口,但只能有一个父类。
(2) 接口中不能包含非抽象方法,但抽象类中可以有。
(3) 抽象类是一个不完整的类,需要进一步细化;而接口只是一个行为的规范,即一种协议。
(4) 接口并不属于继承结构,它实际与继承无关,因此无关的类也可以实现同一个接口。
(5) 接口基本不具备继承的任何基本特点,它只是继承了能够调用的方法。
(6) 接口可以用于支持回调,用于回调的接口仅仅是提供指向方法的指针。

2.5 类成员

C#中的类具有常量、域、方法、属性、事件、索引器、运算符、构造函数、析构函数、嵌套类型等成员，本节将详细阐述。

2.5.1 方法

方法类似于 C 语言中的函数，方法与函数只是名称不同，两者在本质上是相同的。在 C# 语言中，方法是包含一系列语句的代码块。程序通过调用方法并指定所需的参数来执行语句。对于每一个 C# 应用程序而言，在启动程序时由公共语言运行时调用 Main 方法，在 Main 方法中调用其他方法，从而实现所需的功能。

在定义类时，方法属于类的内部成员，主要用于描述对象的行为或对象所具有的功能。在实际编写程序的过程中，通常将重复使用的代码块编写成独立的方法，方便需要时调用。

在 C# 中依据方法有无名称，将其分为一般方法和匿名方法。依据为方法添加前缀修饰词的不同，可将其分为公有方法、受保护方法、私有方法、虚方法、抽象方法。

公有方法：是为方法添加 public 访问修饰符，表示该方法可以被任意调用。

受保护方法：是为方法添加 protected 访问修饰符，表示该方法仅可以在继承的类中访问，不能在类的外部访问。

私有方法：是为方法添加 private 访问修饰符，表示该方法仅可以在类的内部被调用，而外部对象不能调用该方法。

虚方法：是为方法添加 virtual 关键字，表示该方法可以被继承的类重新定义。

抽象方法：是为方法添加 abstract 关键字，表示该方法必须被继承地实现。

2.5.1.1 定义方法

在 C#语言中所有的方法必须先定义，然后才能被调用。每个方法都包含方法名、返回数据类型、访问修饰符、参数列表和方法体。C# 语言中方法定义的语法如下：

访问修饰符　数据类型　方法名(形式参数列表)
{
　　//方法体处理语句
}

参数说明：

（1）访问修饰符：用于设置方法的访问控制权限，通常其内容可以为 public、protected、private，分别表示公有访问、受保护访问、私有访问权限等。

（2）数据类型：表示方法的返回值的数据类型，此类型可以是 C# 语言中允许的任意合法类型，如 int 型、double 型、object 型等。

（3）方法名：表示方法的名称，用于表示方法。方法名的命名要求与标识符相同。

（4）形式参数列表：表示方法所要处理的参数，依据具体情况的不同，形式参数又分为值参数、引用参数和输出参数。

（5）"{ }"：表示方法体的定义，所有关于方法的处理语句都被包含在"{ }"内，如果指定方法有返回值，可使用 return 语句返回所需的数据。

例如，下述代码给出了一个方法定义。

```
abstract class Motorcycle
{
    public void StartEngine( ){/*方法处理语句*/}          //公有方法
    protected void AddGas( int gallons ) {/*方法处理语句*/}    //受保护的方法
    public virtual int Drive( int miles, int speed ) {/*方法处理语句*/ return 1;}  //可被重载的虚方法
    public abstract double GetTopSpeed( );      //必须被继承的类实现的抽象方法
}
```

2.5.1.2 调用方法

完成方法的定义后，除了抽象方法不能被直接调用外，可在程序的适当位置调用其他的方法。依据方法种类的不同，方法的调用可分为 3 种，其各种调用方式如下所述。

- 方法名(实际参数列表)；
- 对象名.方法名(实际参数列表)；
- 类名.方法名(实际参数列表)。

参数说明：

(1) 方法名：表示所定义的方法的名称，此种调用方法适用于对类内部静态成员的直接调用；

(2) 实际参数列表：表示方法时所列出的各个参数。

(3) 对象名：表示对象的名称，当被调用的方法属于某一对象时，此时需要通过对象名加上"."访问符调用方法。

(4) 类名：表示用户所定义的类的名称，当被调用的方法属于类的静态方法时，只能通过类名加上"."访问符调用方法。

2.5.1.3 使用匿名方法

匿名方法就是没有指定名称的方法，此类方法通常与委托类型配合使用，有关委托类型的使用方法将在后面叙述，此处仅作引用说明。由于匿名方法省去了创建单独方法所需的系统开销，因此匿名方法有助于提高程序的执行效率。使用匿名方法的一般步骤如下所述。

(1) 声明一个委托类型。
(2) 使用委托实例指向匿名方法。

例如，下述代码使用了匿名方法。

```
delegate void Del( int x );    //委托类型定义
Del d = delegate( int k ){/*匿名方法处理语句*/};    //定义匿名方法
```

2.5.1.4 参数的传递

在 C#语言中，通常将数据作为参数传递给方法，由方法对数据做出相应处理，并返回数据。形式参数是在定义方法时，"方法名"后面的"( )"中的数据列表。形式参数的作用在于指明参数的数据类型、参数个数和参数传递方式。实际参数指的是在调用方法时，"方法名"后面的"( )"中的数据列表，用于表示方法实际处理的数据。

1) 使用值类型传递参数

值类型参数传递是将指定参数的一个副本传递给方法。方法内部对参数的更改对该变量

中存储的原始数据无任何影响。如果需要使方法对参数的修改生效，必须使用 ref 或 out 关键字指定参数传递的方式为引用传递。

2）使用引用类型传递参数

引用类型参数传递是直接将参数的存储地址传递给方法，方法对数据所进行的处理都将保存到参数指定的存储单元中。因此，引用类型参数传递在方法对参数处理后，直接影响到参数的实际值。若要使用引用类型传递参数，定义方法和调用方法都必须显式使用 ref 关键字。例如，下述代码为引用类型参数传递。

```
static void swap_value(ref int a, ref int b)//使用引用类型传递参数
{
    int c;
    c = a;
    a = b;
    b = c;
}
```

2.5.1.5 使用输出参数

out 关键字也表示参数通过引用来传递。不同之处在于 ref 要求变量必须在传递之前进行初始化。若要使用输出参数，方法定义和调用都必须显式使用 out 关键字。例如，下述代码使用了输出参数。

```
static void out_value(out int a) //使用输出参数传递参数
{
    a = 10;
}
```

2.5.1.6 使用数组传递参数

数组也可作为参数传递到方法中。由于数组是引用类型，因此在方法内部对数组元素的更改将会影响到数组中实际存储的数据。例如，下述代码使用数组传递参数。

```
static void add(int [] myarray) //定义以数组为参数的方法
{
    for(int i = 0; i < myarray.length; i + + )
    myarray[i] = myarray[i] +1;
}
```

2.5.2 属性

属性是 C# 语言所特有的一种机制，它可以用于访问对象或类的特性的成员。属性和字段非常相似，而且访问属性和字段的语法相同。但是，属性不表示存储位置（字段表示一个存储位置）。

属性通过一种被称为访问器的机制来获取或修改其值。其中，获取属性的值的访问器称为 get 访问器，修改属性的值的访问器被称为 set 访问器。

2.5.2.1 get 访问器

get 访问器相当于一个无参数方法，且该访问的返回值的类型和属性的类型相同。在 get

访问器中，必须包含 return 语句，返回该属性的值。

2.5.2.2 set 访问器

set 访问器相当于一个返回类型为 void 的方法，且该方法只有一个参数，参数的类型和属性的类型相同。特别地，该方法的参数名称始终约定为 value。

如果属性只包含 get 访问器，则称该属性为只读属性。如果属性只包含 set 访问器，则称该属性为只写属性。如果属性既包含 get 访问器，又包含 set 访问器，则称该属性为读写属性。例如，下述代码声明一个类型为 string、名称为 Name2 的属性。该属性包含 get 和 set 访问器。get 访问器用来获取 name 私有变量的值，set 访问器用来设置 name 私有变量的值。

```
public class A
{
    private string name2;//声明 name2 字段
    public string Name2 //声明 Name2 属性
    {
        get{return name2;}
        set{name2 = value;}
    }
}
```

还有一种特殊的属性——索引器，索引器其实是一种包含有参数的属性，又称为含参属性。它提供索引的方式访问对象，即与数组的访问方式相同。声明索引器时，需要使用 this 关键字。

虽然索引器也是一种属性，但是它和属性存在以下 5 点区别。

(1)属性存在一个名称，而索引器由 this 关键字指定，即它所在类的签名标识。

(2)属性可以是静态属性（即使用 static 修饰），而索引器始终是实例成员（即不能使用 static 修饰）。

(3)属性可以通过成员来访问，而索引器必须通过其索引来访问其元素。

(4)属性的 get 访问器是不带参数的方法，而索引器的 get 访问器为带有参数（索引器的索引）的方法。

(5)属性的 set 访问器是仅仅带有一个 value 参数的方法，而索引器的 set 访问器是除了 value 参数之外还带有与索引有关的参数的方法。

例如下述代码首先创建 A 类的一个实例 a，并把 a 实例的 list 数组初始化为长度等于 count 变量的值 100 的数组。然后调用 a 实例的索引器输出 a 实例的 list 数组的每一个元素。

```
public class A
{
    private string[ ] list;
    public string this[int index]//声明索引器，索引为 int 类型
    {
        get{return list[index];}//获取 list 数组中的元素
        set
        {
```

```
            if(index > -1 && index < list.Length) list[index] = value;//设置 list 数组中的元
        素的值
        }
    }
    public A(int count)
    {  list = new string[count];
        for(int i = 0;i < count;i + + )
        { list[i] = i.ToString();
        }
    }
}
int count = 100;
A a = new A(count);
for(int i = 0;i < count;i + + )
{
    Console.Write(A[i] + " ");//通过索引器访问 a 实例的 list 数组的元素,并显示在控
    制台
}
```

2.5.3 接口

接口定义一种协议,实现该接口的类或结构必须遵循该协议。一个接口可以继承一个或多个其他接口,一个类或结构也可以实现一个或多个接口。接口可以包含 4 种成员:方法、属性、事件和索引器。接口本身不提供它所定义的成员的实现,它仅仅指定实现该接口的类或结构必须提供的成员。声明接口需要使用 interface 关键字,定义接口的语法描述如下所示:

```
interface 接口名
{
    //接口成员
}
```

参数说明:
(1)接口名:表示所要声明的接口的名称。
(2)接口成员:表示接口内部定义的方法、属性、事件或索引器。
例如,下述代码定义了一个接口。

```
interface ISampleInterface
{
    void SampleMethod();//定义接口内的方法
    int a
    {
        get;
```

```
        set;
    }
    int b
    {//定义接口内的属性
        get;
        set;
    }
```

当类或结构继承接口时,需要实现接口定义的所有成员。接口本身不提供类或结构能够以继承基类功能的方式继承的任何功能。若基类实现了接口,派生类将继承该实现。继承接口的方法与继承类的方法相似,均使用":"符号继承接口。如果需要继承多个接口,则接口之间以","分隔。

类和结构都可以实现接口。如果某一类或接口实现了一个或多个接口,那么在声明该类或结构时,将实现的接口的标识符包含在该类或结构的基类列表中。

例如,下述代码声明一个接口和一个类,它们的名称分别为 IA 和 A 。其中,A 类需要实现 IA 接口。因此,在声明 A 类时,需要把 IA 接口的标识符包含在 A 类的基类列表中。IA 接口包含 4 个成员:Name 属性、索引器、GetName 方法和 Print 事件。

```
interface IA //声明 IA 接口
{
    string Name //Name 属性
    {
        get{return name;} //get 访问器,表示该属性是可读的
        set{name = value;} //set 访问器,表示该属性是可写的
    }
    string this[int index] //索引器
    {
        get //get 访问器,表示该索引器是可读的
        {
            if(index <0 || index > = list.Length ) return string.Empty;
            return list[index];
        }
        set//set 访问器,表示该索引器是可写的
        {
            if(index <0 || index > = list.Length) return;
            list[index] = value;
        }
    }
    string GetName(int userID)
    {
        if(userID >0) return"张三";
        return"李四";
    }
```

```
    event EventHandler Print;
    }
    public class A:IA //声明 A 类,它的基类列表包含了 IA 接口,因此,它实现了 IA 接口
    }
```

2.5.4 委托和事件

2.5.4.1 委托

委托是一种数据结构,它是用来处理类似 C++中函数指针的情况,即委托能够引用静态方法或引用类实例及其实例方法。特别地,委托是完全面向对象的,同时也封装了对象实例和方法。委托实例封装了一个调用列表,该列表包含了一个或多个方法,每个方法称为一个可调用实体。

委托的创建和使用步骤与创建使用类的步骤差不多,主要分为 5 步。

(1) 使用特定签名和返回类型声明一个新的委托类型。
(2) 使用新的委托类型声明委托变量。
(3) 创建委托类型的对象,把它赋值给委托变量。
(4) 为委托对象增加其他方法。
(5) 在代码中像调用方法一样调用委托。

委托是委托类型的实例,它可以引用静态方法或者实例方法。声明委托需要使用 delegate 关键字,语法描述如下:

修饰符　delegate　返回类型　委托名(形参);

参数说明如下:

(1) 修饰符:包括访问修饰符和 new,不能在同一委托内多次使用同一修饰符。
(2) 返回类型:用于设置委托的返回类型。
(3) 委托名:遵循标识符的命名规则。
(4) 形参:是可选的,用来指定委托的参数。

如果一个方法和某个委托相兼容,则这个方法必须具备如下两个条件:

(1) 两者具有相同的签名,即具有相同的参数数量,并且类型、顺序和参数修饰符也相同。
(2) 两者返回类型相同。

下述代码声明了一个委托。

public delegate int weituo(string message);

C#通过使用关键字 new 来创建一个委托实例,具体格式如下:

委托名　实例名 = new　委托名(参数);

当实现一个委托实例化后,可以像传递参数一样来传递这个对象。委托会把对它进行的方法调用传递给方法,调用方传递委托的参数被传递给方法,方法的返回值由委托返回给调用方。

2.5.4.2 事件

事件是类和对象向外发出的消息,用于声明某行为或某处理的条件已经成立。将触发事件的对象称为事件的发送者,将捕获并响应事件的对象称为事件的接收者。

在 C#中使用 event 关键字来声明事件,语法格式如下:

修饰符　event　事件类型　事件名;

在声明事件成员的类中,事件的行为和委托类型的字段很相似。事件存储对某一个委托的引用,表示此委托已经添加到该事件处理方法中了。如果没有添加事件的处理方法,则此事件的值为 null。

另外,事件也可以使用访问器的形式来访问,具体格式如下:

修饰符　event　事件类型　事件名;
{
　　add
　　{
　　　语句块
　　}
　　remove
　　{
　　　语句块
　　}
}

事件和方法具有相同的签名,签名包括名称和对应的参数列表。事件的签名通过使用委托来定义,例如下述代码:

public delegate void mm(object s, System.Eventargs t);

如果在声明事件时没有采用访问器,则编译器会自动提供访问器。

事件的功能是由如下3个关联元素实现的:

(1)提供事件数据的类:即 EventNameEventArgs 类。

(2)事件委托:即 EventNameEventHandler。

(3)引发事件的类:此类提供事件声明和引发事件的方法。

在现实应用中,通常通过委托来引发事件,并传递与事件相关的参数。委托将调用已经添加到该事件的所有处理方法,如果没有事件处理方法,则该事件为空。

如果要使用在另外一个类中定义的事件,则必须定义和注册一个事件的处理方法。每个事件都可以分配多个处理程序来接收事件。这样事件将自动调用每个接收器,无论接收器有几个,只需调用一次事件即可引发事件。

在 C# 类中实现事件处理的流程如下:

(1)定义提供事件数据的类。

(2)声明事件的委托。

(3)使用关键字 event 来定义类中名为 EventName 的公共事件成员,将事件的成员设置为委托类型。

(4)在引发事件的类中定义一个受保护的方法。

(5)在引发事件的类中确定引发该事件的事件。

如果是在另外一个类中实现事件处理,则具体的实现流程如下:

(1)在使用事件的类中定义一个与事件委托有相同签名的事件处理方法。

（2）使用对该事件处理方法的一个引用创建委托的实例，当调用此委托实例时会及时自动调用该事件的处理方法。

（3）使用"＋＝"操作符将该委托实例添加到事件。

（4）如果不需要事件处理，则使用"－＝"操作符将该委托从事件队列中删除。

第3章 ADO.NET

当今信息化社会环境下应用程序或者软件系统在日常生活和工作中随处可见,但无论是简单的 Windows 桌面应用程序还是中大型的行业系统软件,或者是比较流行的 Web 应用程序,几乎都离不开数据库作为后台业务支撑。数据的存储和检索是软件运行的功能核心,故在进行软件项目开发时对数据库的操作与处理无疑是非常重要的。本章节将要介绍的 ADO. NET 技术正是. NET 软件项目开发时一种较为主流的数据库开发技术。

3.1 ADO.NET 概述

2000 年,微软的 Microsoft. NET 计划开始成形,许多的微软产品都冠上. NET 的标签,ADO + 也不例外,改名为 ADO. NET 并包装到. NET Framework 类别库中,成为. NET 平台中唯一的资料存取元。ADO. NET 是由 Microsoft 公司开发设计出来的面向新一代. NET 系统应用的数据库访问架构,是 Microsoft 公司开发的面向对象数据库访问技术 ADO(Active Data Objects)的后续技术。ADO. NET 为数据使用人员在数据库应用程序(软件)和数据源(数据库)之间架起了沟通的桥梁,本质上是一组用于和数据源进行交互的面向对象类库,属于. NET Framework(. Net 框架)中. Net 类库中的一部分。

ADO. NET 技术主要包括两个核心组件,如图 3 – 1 所示:
- . NET Framework 数据提供程序(. NET Framework Data Provider);
- 数据集(DataSet)。

. NET Framework 数据提供程序作为 ADO. NET 的核心组件,提供对关系数据源中的数据的访问,数据提供程序中包含一些类,这些类用于连接到数据源,在数据源处执行命令,返回数据源的查询结果;数据提供程序还能执行事务内部的命令;此外,数据提供程序还包含了其他一些类,用于将数据源的查询结果填充到数据集 Dataset 中并将数据集中数据更改确认提交到数据源中。根据目前主要数据库使用情况,微软公司提供了四种不同的数据库提供程序,其中前两种为系统附带的,后两种需在开发环境中添加引用,具体如下:

(1)SQL Server. NET 数据提供程序,其类存放在 System. Data. SqlClient 命名空间中,该提供程序用于操作 SQL Server 数据库;

(2)OLE DB. NET 数据提供程序,其类存放在 System. Data. OleDb 命名空间中,该提供程序用于操作任何与 OLE DB 兼容的数据库;

(3)ODBC. NET 数据提供程序,其类存放在 System. Data. Odbc 命名空间中,该提供程序用于操作任何与 ODBC 兼容的数据库;

第3章 ADO.NET

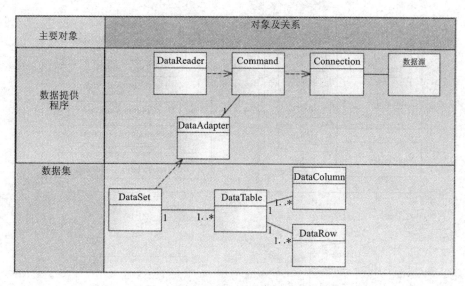

图3-1 ADO.NET技术示意图

（4）Oracle.NET 数据提供程序，其类存放在 System.Data.OracleClient 命名空间中，该提供程序用于操作 Oracle 数据库。

.NET Framework 数据提供程序包括 Connection、Command、DataReader 和 DataAdapter 四个核心对象类。根据数据库提供程序的不同，这四个核心对象类具体写法也不同，主要表现在核心对象类的前缀上，例如用于操作 SQL Server 数据库的 SQL Server.NET 数据提供程序对象类写法为 SqlConnection、SqlCommand、SqlDataReader 和 SqlDataAdapter；如果用于操作 Oracle 数据库的 Oracle.NET 数据提供程序对象类写法则为 OracleConnection、OracleCommand、OracleDataReader 和 OracleDataAdapter。具体对象类的功能描述如下：

（1）Connection 对象类用于建立与特定数据源的连接；

（2）Command 对象类先和 Connection 对象建立关联，然后对数据源执行数据库命令，用于返回数据、修改数据、运行存储过程以及发送和检索参数信息等；

（3）DataReader 对象类功能是从数据源中读取向前方式访问且只读的 Command 对象返回的数据流；

（4）DataAdapter 对象类执行 SQL 命令并用数据源填充 DataSet，此外 DataAdapter 作为连接 DataSet 对象和数据源的桥梁，使用 Command 对象在数据源中执行 SQL 命令，并将数据加载到 DataSet 中，使 DataSet 中的数据更改与数据源保持一致。

数据集 DataSet 是 ADO.NET 的核心组件，提供断开连接、可读写的数据访问方式访问数据源。数据集是数据源中检索到的数据在内存中缓存的数据，可以看作内存中虚拟的"数据库"。DataSet 是不依赖于数据库的独立数据集合，所谓独立，就是说，即使断开数据链路，或者关闭数据库，DataSet 依然是可用的。DataSet 包括一个或多个 DataTable 对象的集合，DataTable 由数据行 DataRow 对象和数据列 DataColumn 对象组成，也可以看作内存中虚拟的"表"，此外，数据集还包括约束 Constraint 和表间关系 DataRelation。具体 ADO.NET 整体对象模型如图 3-2 所示。

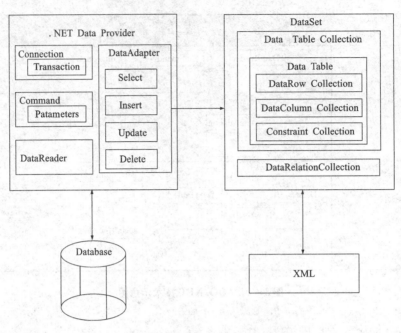

图 3-2 ADO.NET 对象模型

为便于理解 ADO.NET 技术访问、操作数据，可以用水泵抽水的例子来形象化理解 ADO.NET 对象模型的各部分功能。假设在这里水泵抽水主要有两个用途：一个是从江河里面抽水灌溉农田；另一个是从江河里面抽水作为生活用水的自来水。
- 数据源好比江河里面的水源（或水库里面的水）；
- Connection 对象好比伸入水源中的连接管道，连接数据源；
- Command 对象好比抽水水泵，为抽水提供动力，进行抽水、排水，Command 执行数据操作；
- DataReader 对象好比水泵里抽过来的输送到农田水利灌溉的水；
- DataAdapter 对象好比用于水厂抽水的大型水泵；
- DataSet 对象好比自来水厂从江河里面采用大型水泵 DataAdpater 抽取而来的水且暂时存储在水厂的水池中，好比小型的水源（数据源）。

具体类比情况如图 3-3 所示。

河水的抽取首先需要把连接管道伸入水源中，好比数据的访问需要连接对象 Connection 与数据源建立连接；接着伸入水源中的连接管道连接水泵，也就是 Connection 对象和 Command 对象建立关联；此时水泵抽水，好比 Command 对象通过连接对象对数据源执行数据库命令，返回查询数据，修改数据，运行存储过程以及发送和检索参数信息等；紧接着水泵抽出来的水再通过输水管传送到水利农田中对庄稼进行灌溉，相当于执行 Command 对象后返回出来的数据通过 DataReader 对象进行读取、显示、操作等；以上描述为连接访问数据源的一种形象比喻，这种数据源一直连接、一直打开的状况下称为面向连接的数据库访问方式。另外一种方式为数据源断开式连接、可读写的数据访问方式，该访问方式也不是说绝对不连接数据库，而是指数据源不是一直连接、一直打开的状况，就好比抽水通过大型抽水水

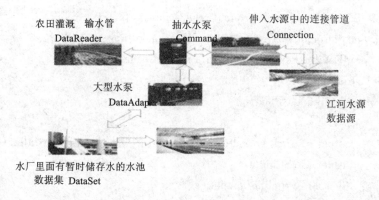

图 3-3 水泵抽水类比 ADO.NET 数据访问示意图

泵 DataAdapter(当然抽水时也要连接一下),从水源抽取所需的水到水厂水池(数据集 DataSet)中暂时存放,此时水源可以不要一直连接开放,就算是在断开连接水源的情况下,用户也可以从水厂的水池中源源不断地获得自来水(数据)。

3.2 ADO.NET 访问数据库一般步骤

在前面一节 ADO.NET 概述中已经了解了 ADO.NET 技术的基本概念,通过水泵抽水的形象比喻也了解采用该技术访问数据库的大致过程。本节将详细介绍 ADO.NET 访问数据库的一般步骤,首先我们来看一个简单的例子。

3.2.1 一个简单的数据库控制台程序

【例 3-1】编写一个名为 GetStudent 的访问 SQL Server 数据库的控制台应用程序,对学生信息表中的信息进行读取(假设学生信息表已经建立)。

主要代码如下:

```
using System;
using System.Collections.Generic;
using System.Data;
using System.Data.SqlClient;
namespace GetStudent
{
    class Program
    {
        static void Main()
        {
            string connStr = "server = (local); Initial Catalog = students;user Id = sa;
            password = sa";
            SqlConnection conn = new SqlConnection(connStr);
```

```
            conn.Open();
            SqlCommand cmd = conn.CreateCommand();
            cmd.CommandText = "Select ID, sName from student";
            SqlDataReader reader = cmd.ExecuteReader();
            string output;
            while(reader.Read())
            {
                output = string.Format("学生 {0}\t 的学号是{1}", reader.GetString(1),
                reader.GetString(0));
                Console.Writeline(output);
            }
            reader.Close();
            conn.Close();
        }
    }
}
```

以上程序解读如下：

(1)首先使用关键字 using 导入数据访问及其他必要的命名空间如 System，System.Collections.Generic，System.Data，System.Data.SqlClient 等，其中用于操作 SQL Server 数据库的.NET 数据提供程序为 System.Data.SqlClient 命名空间。在前面一节中我们了解到，在该命名空间中存放了操作 SQL Server 数据库的程序类，该命名空间必须引用，否则后面程序代码无法对 Sql Server 数据库进行操作。

using System;

using System.Collections.Generic;

using System.Data;

using System.Data.SqlClient;

(2)程序自创建了一个名为 GetStudent 的命名空间用来包含自定义的程序类 Program，接下来所有的程序代码都在 Program 类中书写。

(3)在 Main 主方法中，首先定义了一个字符串类型的 connStr 变量，用来存放连接 SQL Server 数据库的连接字符串，接着新建了一个 SqlConnection 对象，用于连接数据库。

string connStr = "server =(local); Initial Catalog = students;user Id = sa;password = sa";

SqlConnection conn = new SqlConnection(connStr);

(4)调用 conn 对象的 Open 方法打开数据库连接。

conn.Open();

(5)新建 SqlCommand 对象，该对象用于向数据库发出命令。通过调用数据库连接对象 conn 的 CreateCommand 方法来建立 SqlCommand 对象。

SqlCommand cmd = conn.CreateCommand();

(6)有了命令对象 cmd 后，指定该命令对象的属性 CommandText；

cmd.CommandText = "Select ID, sName from student";

(7) 命令对象 cmd 设置完毕,可以向数据库发出命令,执行在 CommandText 中定义的操作。

cmd 对象的执行结果保存在 SqlDataReader 对象 reader 中。

SqlDataReader reader = cmd. ExecuteReader( );

(8) 在 reader 中已经保存了从数据库读取的信息,现在的任务是输出它们。从数据读取器中获取数据一般用 while 循环,Read( ) 方法一直返回真值,直到 reader 的指针指向最后一条记录的后面。

```
while(reader. Read( ))
{
    output = string. Format("学生 {0}\t 的学号是{1}", reader. GetString(1), reader. GetString(0));
    Console. Writeline(output);
}
```

(9) 数据读取以后,关闭数据读取器和数据库连接对象。

reader. Close( );

conn. Close( );

程序运行结果如图 3-4 所示。

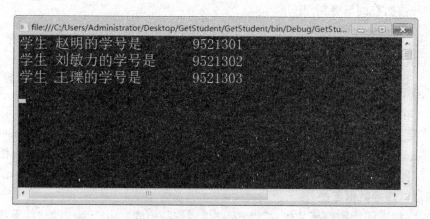

图 3-4　**GetStudent** 程序运行结果

3.2.2　**ADO. NET 访问数据库的一般步骤**

从前面例子的分析中,我们得出通过 ADO. NET 访问数据库的一般步骤如下:
(1) 建立数据库连接对象(Connection 对象);
(2) 打开数据库连接(Connection 对象的 Open 方法);
(3) 建立数据库命令对象(Command),指定命令对象所关联的连接对象;
(4) 指定命令对象的命令属性(CommandText 属性);
(5) 执行命令(Command 的方法,如 ExecuteReader),返回结果给 SqlReaderData 对象;
(6) 操作返回结果(对 SqlReaderData 对象进行读取);

(7)关闭数据库连接。

ADO.NET 访问数据库的一般步骤如图 3-5 所示。

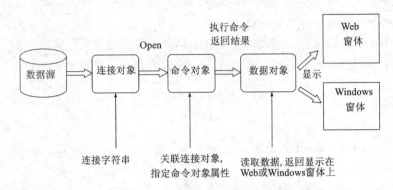

图 3-5　ADO.NET 访问数据库的一般步骤

以上描述的访问数据库的一般步骤为面向连接模式下,在这种模式下只能返回向前的、只读的数据,由于客户机一直和数据库服务器保持连接,这和之前提到的早期的数据库访问技术 ADO(Active Data Objects)技术是一致的,这种模式适合数据传输量少、系统规模不大、客户机和服务器在同一网络内的环境。另外一种数据库访问模式即断开连接模式将在下一节"3.3 DataSet 数据查询与更新"中介绍。

接下来以 Windows 窗体程序举例介绍 ADO.NET 技术对数据库的主要操作。

3.2.3　ADO.NET 操作数据库

ADO.NET 技术在面向连接数据库模式下对数据库的主要操作有连接数据库(包含打开、关闭连接)、在数据库中查询数据、向数据库中添加数据、修改数据库中数据、删除数据库中数据等,涉及主要 ADO.NET 数据库对象有连接对象 Connection、命令对象 Command、数据读对象 DataReader 等。下面通过举例 Windows 应用程序及相关控件说明(详细说明相关对象类的方法)、属性使用等方式阐述对数据库的主要操作。

3.2.3.1　连接数据库操作

所有对数据库的操作都是从建立数据库连接操作开始的。由于现代的软件系统或应用程序一般都是程序和数据分离的,应用程序独立运行,程序中用到的数据一般都存储在数据库系统中,应用程序要想操作数据库,首先第一步是要连接数据库。ADO.NET 面向连接数据库模式下对数据库的操作一般都是和数据库一直连接状态下来操作的,而后面章节介绍的 DataSet 数据集面向非连接数据库模式下对数据库的操作也不能说完全不用连接数据库,它只是有需要的情况下连接数据库并打开连接对象,没有数据请求的情况下就和数据库保持非连接状态。由此可见,无论是 ADO.NET 面向连接数据库模式下还是面向无连接数据库模式下对数据库的操作都需要、都有必要建立数据库连接,否则无法对数据库进行任何操作。

在 ADO.Net 技术中,建立数据库连接主要通过数据库连接对象 Connection 来进行,Connection 从字面上理解就是连接的意思,用来连接数据库和为管理数据库的事务提供方便。该对象提供相关属性来描述数据源和访问用户的身份验证,并提供一些方法来与数据源建立连接或者断开连接。前面已经描述,微软公司根据现有数据库的使用情况提出了四种不同的.NET Framework 数据提供程序，对应于不同的.NET Framework 数据提供程序，为程序员提供了四种具体的数据库连接对象，分别为：

- 面向 Microsoft 公司自己的数据库服务软件 SQL Server，由 Sql Server.NET 数据提供程序提供的 SqlConnection 连接对象；
- 面向 Oracle 公司的数据库服务软件 Oracle，由 Oracle.NET 数据提供程序提供的 OracleConnection 连接对象；
- 面向和 OLE DB 兼容的数据库服务软件，由 OLE DB.NET 数据提供程序提供的 OleDbConnection 连接对象；
- 面向和 ODBC 兼容的数据库服务软件，由 ODBC.NET 数据提供程序提供的 OdbcConnection 连接对象。

也就是说如果编写的应用程序用到的数据库是 SQL Server，则毫无疑问连接数据库采用 SqlConnection 连接对象，依此类推；用到的数据库是 Oracle，则采用 OracleConnection 连接对象；而用到的是其他数据库，则可以采用与之兼容的 OleDbConnection 连接对象或 OdbcConnection 连接对象，并且在使用这些对象之前，在程序代码中需要使用 using 语句来引用与之对应的命名空间（本章第一节已描述具体命名空间），否则系统不识别这些对象而报错。

以 SQL Server 为例介绍 SqlConnection 连接对象的使用，SqlConnection 连接对象最重要的属性就是连接字符串，在连接字符串属性中指定数据库连接的必要信息，包括数据库服务器的位置、数据库的名称、数据库的身份验证方式（Windows 集成身份验证或 SQL Server 用户名密码身份验证）以及其他信息。连接字符串主要参数及说明如表 3-1 所示。

表 3-1 SqlConnection 对象连接字符串常用参数说明

参　数	说　明
Server 或 Data Source	连接的数据库源名称或数据库服务器名称
DataBase 或 Initial Catalog	连接的数据库名称
Uid 或 User ID	SQL Server 数据库的登录账户名
Pwd 或 Password	SQL Server 数据库账户的登录密码
Integrated Security	此参数决定连接是否为安全连接，可能的值为 True，False，SSPI（SSPI 和 True 等价）
Connection TimeOUT	在终止尝试或产生异常前，连接数据库超时时间，默认值为 15 s

连接 SQL Server 数据库的连接字符串语法格式如下：

string connectionStr = "Server = 服务器名；Uid = 用户名；Pwd = 密码；Initial Catalog = 数据库名"；

例如，需要连接存放在数据库服务器名称为 PCoS-20150317JD 上的 SQL Server 的数据库 NYDZ，且该数据库的登录账户名及密码分别为 sa，sa，则创建连接数据库的字符串为：

string connectionStr = " Server = PCoS - 20150317JD； Uid = sa；Pwd = sa；Initial Catalog = NYDZ"；

Sqlconnection 连接对象的构建主要有两种方式：一种是构造函数带连接字符串参数；另一种则是构造函数参数为空，然后创建好连接对象后再指定该连接对象的属性即连接字符串。如下示例描述连接对象 conn 的构建：

string connectionStr = " Server = PCoS – 20150317JD；Uid = sa；Pwd = sa；Initial Catalog = NYDZ"；

SqlConnection conn = new SqlConnection(connectionStr)；

或者如下所述不带构造函数参数来构建连接对象 conn。

SqlConnection conn = new SqlConnection( )；

string connectionStr = " Server = PCoS – 20150317JD；Uid = sa；Pwd = sa；Initial Catalog = NYDZ"；

Conn. ConnectionString = connectionStr；

SqlConnection 常用方法有使用 ConnectionString 所指定的属性设置打开数据库连接方法（Open），以及关闭与数据库的连接方法（Close）等。下面通过编写一个简单数据库连接窗体程序来说明如何使用 SqlConnection 对象。

【例 3 – 2】Windows 窗体程序连接 SQL Server 数据库 NYDZ。

首先新建一个 Windows 窗体应用程序，在新建的窗体中拖放好两个控件，分别是提示标签 Lable 和命令按钮 Button，设置好窗体及控件属性，如图3 – 6 所示。

接着双击按钮【连接 NYDZ 数据库】，在弹出来的代码窗口中编写如下事件代码，或者在按钮【连接 NYDZ 数据库】属性窗口中双击 Click 事件，生成按钮单击事件框架代码，在那个框架代码中使用 SqlConnection 对象编写数据库连接事件代码。

图 3 – 6 SqlConnection 对象连接数据库程序界面

在代码之前需要导入命名空间 System. Data. SqlClient：

using System. Data. SqlClient；

/////////

private void button1_Click(object sender, EventArgs e)

{//连接 NYDZ 数据库事件代码，连接成功则显示成功消息框，否则显示报错消息

SqlConnection conn = new SqlConnection( )；

string connectionStr = "Server = PCoS – 20150317JD；Uid = sa；Pwd = sa；Database = FZDZ"；

conn. ConnectionString = connectionStr；//指定 conn 的连接字符串

conn. Open( )；//打开数据库连接

if(conn. State = = ConnectionState. Open)

　　MessageBox. Show ("已经成功连接到 NYDZ 数据库!"，"提示"，MessageBoxButtons. OK, MessageBoxIcon. Information)；

else

　　MessageBox. Show("连接 NYDZ 数据库失败!"，"提示"，MessageBoxButtons. OK,

MessageBoxIcon. Warning）；
　　　　conn. Close( )；//关闭数据库连接
}
单击按钮【连接 NYDZ 数据库】，可能出现的消息框界面如图 3－7 所示。

图 3－7　SqlConnection 对象连接数据库程序消息框

3.2.3.2　查询数据库中数据

数据和程序两相分离，数据被独立存储在数据库中，若要在程序界面中显示需要的数据，则需要输入查询条件，并在数据库中根据输入的条件查询数据，最后把查询到的数据显示在程序界面中（一般是窗体中的数据控件上）供用户使用，或者根据输入的条件在数据库中没有查询到相关数据，也向程序界面中发送一个消息，显示未能查询到数据。在 C#中利用 ADO. NET 进行数据库查询大致也是如此，其一般操作过程自然是先要连接指定的数据库，并定义数据命令对象 Command，通过执行命令对象的属性 SQL 文本进行查询，把查询到的数据送给 DataReader 对象去读取，最后通过 DataReader 对象逐行读取数据到数据控件上显示。

在 SqlConnection 对象和数据库建立连接后，并 Open 连接后，就可以使用 SqlCommand 命令对象对数据库进行包括查询、添加、删除、修改等在内的各种操作，操作实现的方式可以使用 SQL 语句，也可以使用存储过程。因此，在了解数据库查询之前，有必要了解 SqlCommand 对象的常用属性方法，表 3－2 描述了 SqlCommand 常用的属性。

表 3－2　SqlCommand 常用的属性

属　性	说　明
CommandText	获取或设置对数据库执行的 SQL 语句或存储过程名
CommandType	获取或设置要执行命令的类型
Connection	获取或设置连接对象 Connection 的名称
CommandTimeOut	获取或设置在终止对执行命令的尝试并生成错误之前的等待时间
Parameters	获取 Command 对象需要使用的参数集合

在表 3－2 中描述的几个常用属性中，一般程序必须用到的属性为 CommandText 和 Connection 这两个属性。

SqlCommand 对象常用的方法如表 3－3 所示。

表 3-3 SqlCommand 对象常用方法

方　法	说　明
ExecuteNonQuery	返回值类型为 int 型，用于执行增加、删除、修改数据，返回受影响的行数
ExecuteReader	返回类型为 SqlDataReader，此方法用于用户进行的查询操作，查询出来的结果使用 SqlDataReader 对象的 Read( )方法进行逐行读取
ExecuteScalar	用于执行 SELECT 查询命令，返回数据中第一行第一列的值，该方法通常用来执行那些用到 COUNT 或 SUM 函数的 SELECT 查询

通过表 3-3 可以看出，要进行数据的增加、删除、修改，主要使用 SqlCommand 命令对象的 ExecuteNonQuery 方法。要进行数据库的查询操作，主要使用 SqlCommand 命令对象的 ExecuteReader 方法或 ExecuteScalar 方法。由于执行 ExecuteScalar 方法后返回的数据一般为第一行第一列的值，所有其他的列和行数据将被忽略，所以通常用该方法来执行那些用到 COUNT 或 SUM 函数的 SELECT 查询。需要查询所需要的完整数据，则一般采用 ExecuteReader 方法，执行 ExecuteReader 方法返回的结果类型为 SqlDataReader，SqlDataReader 对象的 Read( )方法可以对所需查询数据进行逐行读取，也意味着该方法的执行能够得到查询的完整数据，而不是像 ExecuteScalar 方法那样返回第一行第一列的值。为此，有必要介绍一下 DataReader 对象。

DataReader 对象可以理解为一个简单的数据集，用于检索顺序的、只读的数据，和后面章节要介绍 DataSet 数据集最大的区别就是 DataReader 对象在读取数据时，必须一直保持与数据库的连接，而 DataSet 数据集是面向无连接的，即不需要一直保持数据的连接。另外 DataReader 对象的数据集是只读的，DataSet 数据集是可读、可写的。DataReader 对象是一个轻量级的数据对象，如果仅仅是将数据读取并显示出来，将非常推荐使用 DataReader，因为它的读取速度比 DataSet 对象要快，而且由于 DataReader 对象每次只能在内存中保留一行数据，所以相对 DataSet 对象而言占用的系统开销也少。可以通过执行 SqlCommand 对象的 ExecuteReader 方法来创建一个新的 DataReader 对象。DataReader 对象常用的属性如表 3-4 所示。

表 3-4 DataReader 对象常用属性及说明

属　性	说　明
FieldCount	返回一行数据中的字段数(即数据表结构的属性数)
HasRows	用来判断 DataReader 对象是否包含数据
IsClosed	判断 DataReader 对象是否关闭

DataReader 对象常用方法及说明如表 3-5 所示。

表 3-5 DataReader 对象常用方法及说明

方　法	说　明
Read	读取 DataReader 对象当前行数据，当读取一行数据后，DataReader 对象自动指向下一行数据
Get	用来获取 DataReader 数据集当前行的某一列的数据
Close	关闭 DataReader 对象

使用 DataReader 对象进行数据查询访问的特点：
- 访问数据速度快；
- 占用资源少；
- 显示数据只能一条一条地进行读取；
- 必须显式地打开和关闭数据连接。

所以如果仅仅是对数据进行查询，甚至对于检索结果尽管是百万级数据量，DataReader 对象都是一个不错的选择。下面通过编写一个 Windows 应用程序并结合窗体控件来说明在数据库中查询数据、读取数据是具体如何操作的，在该例中我们将学习到 SqlCommand 对象、SqlDataReader 对象如何使用的，以及在该例中我们还将了解到从数据库中如何把图片数据如何查询出来并读取显示在窗体控件中。

【例 3-3】编写 Windows 窗体应用程序，从 NYDZ 数据库布料管理数据表中查询并显示相关布料数据（布料编号、布料名称、布料图片数据）。

该例子程序用到的布料管理数据表结构如下：

布料表　Cloth_Material

Cloth_Material_ID	PK, int, not null	（布料编号）
Cloth_Material_Name	nchar(10), null	（布料名称）
Cloth_Material_Pic	image, null	（布料图片数据）

新建一个窗体 WinForm，在窗体上添加一个表格 Table（两行两列），并调整好大小，用来分隔数据处理区域。布料图片显示区域放置一个 PictureBox 控件用来显示查询出来的布料图片数据；布料数据表放置一个 DataGridView 控件用来显示布料编号、布料名称等信息。首先通过 SqlCommand 对象及 SqlDataReader 对象查询出布料数据（编号、名称）显示在 DataGridView 控件上，然后用户根据 DataGridView 控件上显示的布料数据（编号、名称），点击某个布料名称或编号，则把查询出来的布料图片显示在布料图片显示区域 PictureBox 控件上，此时需要考虑如何将图片数据存储在数据库中，以及如何从数据库中查询图片数据出来显示在窗体控件上。由于图片数据量较小，一般考虑将图片数据转化成二进制数据直接存储在数据库中，若图片数据量较大，则考虑将图片数据作为外部文件引用式存储在数据库中，

也就是在数据库中存储的是图片的文件地址路径。

在数据方面以及程序界面方面准备好后,接下来就是编写事件代码程序,首先在该窗体界面一加载时,就通过 Page_Load 事件代码、SqlCommand 对象及 SqlDataReader 对象查询出布料数据(编号、名称)并显示在 DataGridView 控件上。具体代码如下:

```csharp
private void Form_User_Load(object sender, EventArgs e)
{
    SqlConnection conn = new SqlConnection();
    string connectionStr = "Server=PCoS-20150317JD;Uid=sa;Pwd=sa;Database=FZDZ";
    conn.ConnectionString = connectionStr;//指定 conn 的连接字符串
    conn.Open();//打开数据库连接
    SqlCommand cmd = new SqlCommand();
    cmd.Connection = conn;   //设置命令对象的连接属性
    cmd.CommandText = "select Cloth_Material_ID, Cloth_Material_Name from Cloth_Material";//设置命令对象的命令文本
    SqlDataReader dr = cmd.ExecuteReader();//执行命令对象查询方法
    //将查询出来的结果返回给 SqlDataReader 对象 dr
    dataGridView1.Columns.Add("Cloth_Material_ID","布料编号");
    dataGridView1.Columns.Add("Cloth_Material_Name","布料名称");
    try{
        if(dr.HasRows)
        {   //判断 dr 对象是否有数据
            while(dr.Read()){
                //循环顺序逐行读取 dr 对象的数据分量到数据控件中显示
                DataGridViewRow row = new DataGridViewRow();
                int index = dataGridView1.Rows.Add(row);
                dataGridView1.Rows[index].Cells[0].Value = dr[0].ToString();
                dataGridView1.Rows[index].Cells[1].Value = dr[1].ToString();
            }
        }
        dr.Close();
        conn.Close();//特别注意必须关闭连接对象 conn 和读对象 dr
    }
    Catch(Exception ex){
        MessageBox.Show(ex.ToString());
        dr.Close();
        conn.Close();
    }
}
```

得到程序界面如图 3-8 所示。

第3章 ADO.NET

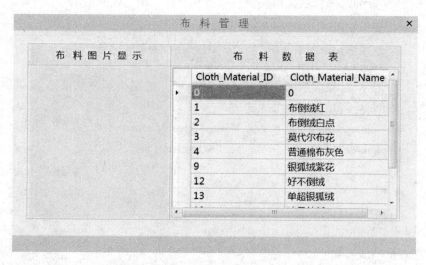

图3-8 数据库中查询到布料数据显示在 DataGridView 控件中

用户根据 DataGridView 控件上显示的布料数据（编号、名称），点击某个布料名称或编号，则把查询出来的布料图片显示在布料图片显示区域 PictureBox 控件上，此处也需要用到查询，而且存储在数据表中图片数据为二进制存储，查询出来显示在 PictureBox 控件上时需要经过一系列处理，具体处理过程见如下程序代码。

```
private void dataGridView1_RowEnter(object sender, DataGridViewCellEventArgs e)
{//根据布料表中的选择，在 pictureBox 中显示布料图片
  try
  {
    SqlConnection conn = new SqlConnection();
    String connectionStr = "Server = PCoS - 20150317JD;Uid = sa;Pwd = sa;Database = FZDZ";
    conn.ConnectionString = connectionStr;//指定 conn 的连接字符串
    conn.Open();//打开数据库连接
    int id1 = (int)dataGridView1.Rows[e.RowIndex].Cells[0].Value;
    //获取用户在 dataGridView 控件中选中的数据行中的布料编号 ID
    string strsql = "select Cloth_Material_Pic from    Cloth_Material where Cloth_Material_ID = " + id1.ToString();
    // SQL 查询语句字符串 strsql
    SqlCommand cmd = new SqlCommand(strsql, public_Class.con);
    //根据选中的布料编号 ID，执行命令对象，提取对应的布料图片
    SqlDataReader dr = cmd.ExecuteReader();
    //执行查询命令，提取的数据使用 SqlDataReader 对象 dr 来读取
    if (dr.HasRows)
      while (dr.Read())
```

```
            //查询的图片数据需要进行二进制文件读取,才能显示
            Byte[] mybyte = new byte[0];
            //定义二进制类型数组,用来存放图片数据
            mybyte = (Byte[])(dr["Cloth_Material_Pic"]);
            /*dr对象读取图片数据转换为Byte二进制类型并赋值给二进制类型数组
            mybyte存放*/
            MemoryStream ms = new MemoryStream(mybyte);
            pictureBox1.Image = Image.FromStream(ms);
          }
          dr.Close();
          conn.Close();
        }
        catch(Exception w2)
        {
          conn.Close();
          MessageBox.Show(w2.ToString());
        }
      }
```

程序运行的结果如图3-9所示。

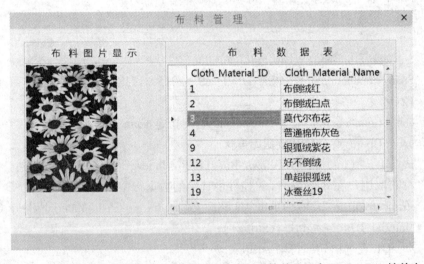

图3-9 根据选中的布料数据ID查询对应的布料图片并显示在PictureBox控件中

3.2.3.3 向数据库中添加数据

向数据库中添加数据记录时,首先需要创建SqlConnection对象连接数据库,然后定义添加数据的SQL字符串语句,最后调用SqlCommand对象的ExecuteNonQuery方法执行数据的添加操作。具体操作过程举例3-4描述。

第3章 ADO.NET

【例3-4】向布料数据表中添加布料数据。

采用的数据表结构和上节例3-3一致。此处由于需要添加图片数据到数据库中,需要把图片文件编码为二进制数据流存储在数据库表中,该方法适合图片文件较小的形式,方便数据的存储和迁移。具体步骤如下:先定义存取图片数据的数据库表,此处数据表为布料数据表,然后在窗体页面中调用打开图片文件的对话框,最后定义一个二进制文件读对象 br,并执行 ReadBytes 方法把图片数据读取到二进制数组 byte[ ]中。

首先新建一个窗体文件,在该窗体中拖放一些控件,设置好相应属性,如图3-10所示。

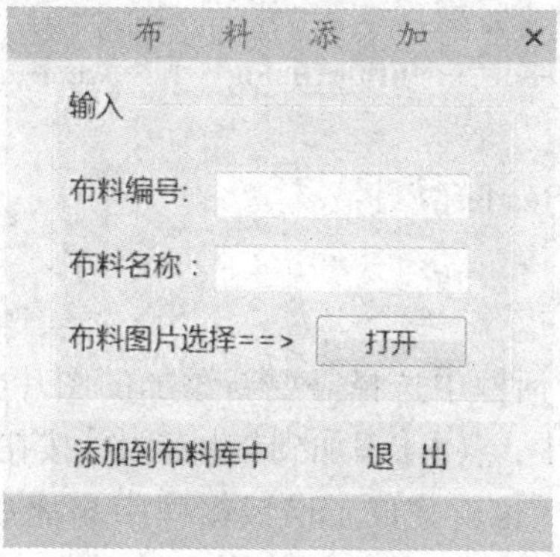

图3-10 向数据库中添加布料数据演示程序界面

用户在添加布料数据时,需要自定义并在相应的文本框中输入布料编号、布料名称,并在布料图片选择中点击【打开】按钮后弹出"打开"对话框,程序界面如图3-11所示。

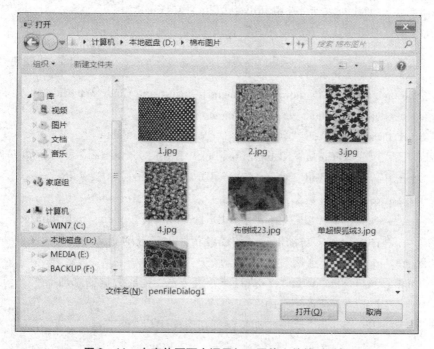

图3-11 在窗体页面中调用打开图片文件的对话框

在窗体页面中调用打开图片文件的对话框主要代码如下：

```
BinaryReader br;//定义二进制流读对象 br
FileStream Fs;//定义二进制文件流对象 Fs
private void button6_Click(object sender, EventArgs e)
{
    //需要在代码中使用二进制文件命名空间类库 using System.IO;
    //布料图片选择，打开对话框
    if (openFileDialog1.ShowDialog() == DialogResult.OK)
    {
        Fs = new FileStream(openFileDialog1.FileName, FileMode.Open, FileAccess.Read);
        br = new BinaryReader(Fs);
    }
}
```

用户在图 3-11 所示的对话框中选择需要新添加的图片数据，点击【打开】按钮确认选择，此时回到添加布料主窗体中，点击【添加到布料库中】按钮，此时，就将一个新的布料数据记录添加到了布料数据表中，也就完成了向数据库中添加数据的操作，特别是 ADO.NET 技术如何将图片文件数据存入数据库中。【添加到布料库中】按钮的事件代码如下。

```
private void button1_Click(object sender, EventArgs e)
{
    try
    {
        byte[] byteImage = br.ReadBytes((int)Fs.Length);
        //执行 ReadBytes 方法把图片数据读取到二进制数组 byte 中
        br.Close();
        Fs.Close();
        SqlCommand cmd = new SqlCommand("insert into Cloth_Material values(@id,@name,@pic)", conn);
        cmd.Parameters.Add("@id", SqlDbType.Int, 8).Value
                = Convert.ToInt32(textBox2.Text); // textBox2 文本框数据为布料 ID
        cmd.Parameters.Add("@name", SqlDbType.NChar, 10).Value = textBox3.Text;
        //textBox3 文本框数据为布料名称
        cmd.Parameters.Add("@pic", SqlDbType.Image).Value = byteImage;
        //布料图片数据为对话框打开的已经转换为二进制流文件的图片文件
        conn.Open();//连接对象在主程序中去定义
        cmd.ExecuteNonQuery();//执行非查询方法，完成数据的添加操作
        conn.Close();//连接关闭
        MessageBox.Show("成功添加布料到布料库中！");
    }
    catch (Exception E1)
```

```
            MessageBox.Show(E1.ToString());
        }
    }
}
```

3.2.3.4 删除数据库中数据

向数据库中删除数据记录时，和向数据库中添加数据基本一样，也首先需要创建 SqlConnection 对象连接数据库，然后定义删除数据的 SQL 字符串语句，最后调用 SqlCommand 对象的 ExecuteNonQuery 方法执行数据的删除操作。具体操作过程举例 3-5 描述。

【例 3-5】删除布料表中数据。

首先和例 3-3 相似，需要把布料表中数据全部查询显示在相应的数据控件中，此处为 DataGridView 控件；然后根据用户选中的布料数据编号或布料名称，通过 DataGridView 控件的单元格单击事件 dataGridView1_CellClick 获取当前用户选中的布料数据编号，此编号用来作为删除布料数据的重要参数，id 需要提前定义好为全局变量；再单击【布料删除】按钮，在弹出的删除布料消息框中，点击【是】进行布料删除确认。具体代码及相应程序界面如下描述。

```
///// id需要提前定义为窗体页面全局变量
public static int id = 0;
////dataGridView1_CellClick 事件代码用来获取 dataGridView 中当前选中布料数据编号
private void dataGridView1_CellClick(object sender, DataGridViewCellEventArgs e)
{
    try { id = (int)dataGridView1.Rows[e.RowIndex].Cells[0].Value; }
    catch (Exception e2)
    {
        MessageBox.Show(e2.ToString());
    }
}
```

具体程序界面如图 3-12 所示。

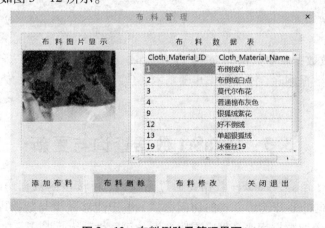

图 3-12 布料删除及管理界面

单击【布料删除】按钮后弹出对话框如图 3-13 所示，进行布料删除确认。

图 3-13　布料删除确认对话框

所对应的代码如下描述：

```
private void button2_Click(object sender, EventArgs e)
{
    //删除布料对话框
    if(MessageBox.Show("选中的布料已经做完，确定删除?","删除提示",
        MessageBoxButtons.YesNo,MessageBoxIcon.Question) == DialogResult.Yes)
    {
        conn.Open();
        string delsql = "Delete from Cloth_Material where
Cloth_Material_ID = @id";
        //删除布料数据 SQL 语句，此处 id 为前面代码所获取
        SqlCommand cmd = new SqlCommand(delsql, public_Class.con);
        cmd.Parameters.Add("@id", SqlDbType.Int).Value = id;
        if(cmd.ExecuteNonQuery() > 0)
            MessageBox.Show("成功删除选中 布料记录!","软件提示",
                MessageBoxButtons.OK, MessageBoxIcon.Information);
    }
    conn.Close();
}
```

3.2.3.5　修改数据库中数据

数据的修改和数据删除、添加操作步骤基本一致，只是操作的 SQL 语句不同，在此不再赘述。

3.3　DataSet 数据查询与更新

前面章节已经了解到，DataSet 数据集通过无连接、可读写的数据访问方式来访问数据库，这种支持对数据的断开连接方式的访问方式，由于能够减少与数据库的活动连接数目，即减少了多个用户争取数据库服务器上有限资源的可能性，从而提高了在网络环境下对数据的存取效率。这种减轻数据库服务器负荷，提高了客户机对数据的存取效率。此外，由于服

务器不需要维护和客户机之间的连接,只有当客户机需要将更新的数据传回到服务器时再重新连接,从而使得数据库服务器能够同时支持更多并发的客户机。由此,可以看出这种面向断开连接的数据库访问方式更优于之前介绍的面向连接的数据库访问。在介绍 DataSet 数据查询与更新之前我们先来了解相关对象。

3.3.1 DataSet 相关对象

3.3.1.1 DataSet

DataSet 是 ADO.NET 的核心概念,属于 System.Data 命名空间下成员,支持非连接、分布式数据方案操作,是实现基于非连接的数据查询的核心组件。DataSet 相当于一个内存中的小型关系数据库,可以包含任意数量的数据表、表的约束、索引和关系等对象。从数据源中检索到数据,然后把数据缓存到内存中,该内存缓存的数据区域就是数据集。使用 DataSet 使得程序员在编程时可以屏蔽数据库之间的差异,从而获得一致的编程模型,在实际应用中,DataSet 使用方法一般有三种:①把数据库中的数据通过 DataAdapter 对象填充 DataSet;②通过 DataAdapter 对象操作 DataSet 实现更新数据库;③把 XML 数据流或文本加载到 DataSet。

DataSet 对象一般认为具有三大特性:
(1)独立性,DataSet 独立于各种数据源。
(2)离线(断开)和连接。
(3)DataSet 对象是一个可以用 XML 形式表示的数据视图,是一种数据关系视图。

DataSet 对象常用属性如表 3-6 所示。

表 3-6 DataSet 对象常用属性

属性	说明
Tables	获取数据集 DataSet 中内置表,采用中括号及双引号读取具体表
Relations	获取数据集中多个表之间的关系集合

DataSet 对象常用方法如表 3-7 所示。

表 3-7 DataSet 对象常用方法

方法	说明
Clear	通过移除所有表中的所有行来清除任何数据的 DataSet
Clone	克隆 DataSet 结构,包括 DataTable 架构、关系和约束
Copy	复制 DataSet 的结构和数据
ReadXml	使用指定的文件或流将 XML 架构和数据读入 DataSet
WriteXml	将 DataSet 的当前数据写入指定的文件或流中
GetXml	获取并返回 DataSet 中的数据并以 XML 的形式表示

3.3.1.2 DataAdapter

DataAdapter 对象即数据适配器，用来沟通实际数据库和内存虚拟的数据库（数据集 DataSet）。DataAdapter 对象通过数据连接对象和 SQL 命令文本从实际数据库中获取数据，并将其存储在内存缓存 DataSet 中。此外，SqlDataAdapter 也可将 DataSet 的修改更新，提交给实际数据库中确认保存。一般使用 DataAdapter 对象沟通 SQL 数据库和数据集 DataSet 的步骤如下：

（1）创建 SqlConnection 对象，连接到 SQL Server 数据库；

（2）创建 SqlDataAdapter 对象。该对象包含能够指向 4 个 SqlCommand 对象的属性，这些对象指定 SQL 语句在数据库中进行 SELECT、INSERT、DELETE 和 UPDATE 等数据操作；

（3）创建包含一个或多个表的 DataSet 对象；

（4）使用 SqlDataAdapter 对象，通过调用 Fill 方法来填充 DataSet 表。SqlDataAdapter 隐式执行包含 SELECT 语句的 SqlCommand 对象；

（5）修改 DataSet 中的数据。可以通过编程方式来执行修改，或者将 DataSet 绑定到用户界面控件（例如 GridView），然后在控件中更改数据；

（6）在准备将数据更改返回数据库时，可以使用 SqlDataAdapter 并调用 Update 方法。SqlDataAdapter 对象隐式使用其 SqlCommand 对象对数据库执行 INSERT、DELETE 和 UPDATE 语句。

DataAdapter 常用属性、方法如表 3-8、表 3-9 所示。

表 3-8 DataAdapter 常用属性

属性	说明
SellectCommand	获取或设置查询数据源中数据的 SQL 命令文本
InsertCommand	获取或设置插入到数据源中数据的 SQL 命令文本
DeleteCommand	获取或设置删除数据源中数据的 SQL 命令文本
UpdateCommand	获取或设置更新修改数据源中数据的 SQL 命令文本

表 3-9 DataAdapter 常用方法

方法	说明
Fill	从数据源中提取数据并填充到数据 DataSet 中
Update	将数据集 DataSet 的数据更新保存到数据库中

3.3.1.3 DataTable

在 ADO.NET 中，DataTable 对象用于表示数据集 DataSet 中的数据表，被认为是一个内存关系数据的表。DataTable 和 DataSet 一样，也属于 System.Data 命名空间下成员，在使用时，也需要在程序代码之前引用 System.Data 命名空间。DataTable 可以独立创建和使用，也可以

由其他 .NET Framework 对象使用，最常见的情况是作为 DataSet 的成员使用。创建 DataTable 对象时一般使用 DataTable 构造函数来创建，如 DataTable dt = new DataTable( ); dt 就可以作为独立使用的数据表使用。还可以通过使用 Add 方法将其添加到数据集合对象的 Tables 集合属性中，将其添加到 DataSet 中，作为 DataSet 的成员使用。创建 DataTable 时，也可以先不指定 TableName(表名)属性值，可以在其他时间指定该属性，或者将其保留为空。但是，在将一个没有 TableName 值的表添加到数据集 DataSet 中时，该表会得到一个从默认 Table[0] 的表名开始，并递增为 1，2，…，n 的默认名 Table[n]。

新创建的、独立的 DataTable 对象没有表的数据结构。要定义表的架构，必须创建 DataColumn 对象并将其添加到表的 Columns 集合中，也可以为表定义主键列，并且可以创建 Constraint 对象并将其添加到表的 Constraints 集合中。在为 DataTable 定义了数据结构之后，可通过将 DataRow 对象添加到表的 Rows 集合属性中来实现将数据行添加到表中。

DataTable 具体使用方法如下：

单独创建表对象

DataTable dt1 = new DataTable( );

DataSet ds = new DataSet( );

ds.Tables.Add(dt1); //Add 方法将其添加到数据集合对象的 Tables 集合属性中

DataTable 对象常用属性、方法如表 3 – 10、表 3 – 11 所示。

表 3 – 10 DataTable 对象常用属性

属 性	说 明
Columns	获取属于该表的列的集合
Rows	获取属于该表的行的集合
Constraints	获取由该表维护的约束的集合
ChildRelations	获取 DataTable 的子关系的集合

表 3 – 11 DataTable 对象常用方法

方 法	说 明
Clear	清除所有数据的 DataTable
Load	使用指定数据源的值填充 DataTable，如果 DataTable 已经包含行，则从数据源传入数据将与现有的行合并
Select	获取所有 DataRow 对象的数组
WriteXml	将 DataTable 的当前数据写入指定的文件或流中

3.3.1.4 DataRow

DataRow 对象表示 DataTable 中的一行数据，属于命名空间：System.Data，即程序集：System.Data(在 system.data.dll 中)。DataRow 和 DataColumn 对象是 DataTable 的主要组件。使用 DataRow 对象及其属性和方法检索、评估、插入、删除和更新 DataTable 中的值。

DataRowCollection 表示 DataTable 中的实际 DataRow 对象 DataColumnCollection 中包含用于描述 DataTable 的架构的 DataColumn 对象。使用重载的 Item 属性返回或设置 DataColumn 的值。

若要创建新的 DataRow，可以使用 DataTable 对象的 NewRow 方法。创建新的 DataRow 之后，使用 Add 方法将新的 DataRow 添加到 DataRowCollection 中。最后，调用 DataTable 对象的 AcceptChanges 方法以确认是否已添加。具体使用可参照如下示例程序：

```
private void CreateNewDataRow( )
{
    DataTable table = new DataTable( );
    DataRow row;
    row = table.NewRow( );
    row["id"] = "10213";
    row["name"] = "Smith";
    table.Rows.Add(row);
    foreach(DataColumn column in table.Columns) Console.WriteLine(column.ColumnName);
    dataGrid1.DataSource = table;
}
```

3.3.2 DataSet 数据查询与更新

在前面一节中了解了关于面向无连接数据访问的几个重要数据对象（DataSet、DataAdapter、DataTable、DataRow）之后，了解到采用数据集 DataSet 面向无连接方式来缓存操作物理数据库中数据的基本步骤方法如图 3-14 所示。

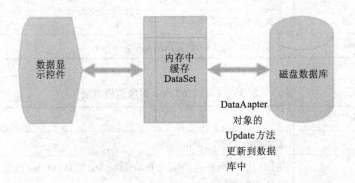

图 3-14 DataSet 数据查询与更新

从上图中我们看出，查询显示或更新操作数据，需要在 Windows 窗体或 Web 窗体中展示数据，在此，我们一般采用.Net 框架中的数据绑定控件来展示数据。我们先来介绍一个最为常用的数据表格控件 DataGridView。

3.3.2.1 数据绑定控件 DataGridView

DataGridView 控件提供一种强大而灵活的以表格形式显示数据的方式。可以使用 DataGridView 控件来显示少量数据的只读视图，也可以对其进行缩放以显示特大数据集的可编辑视图。可以用很多方式扩展 DataGridView 控件，以便将自定义行为内置在应用程序中。例如，可以采用编程方式指定自己的排序算法，以及创建自己的单元格类型。通过选择一些属性，可以轻松地自定义 DataGridView 控件的外观。可以将许多类型的数据存储区用作数据源，也可以在没有绑定数据源的情况下操作 DataGridView 控件。

使用 DataGridView 控件，可以显示和编辑来自多种不同类型的数据源的表格数据。

将数据绑定到 DataGridView 控件非常简单和直观，在大多数情况下，只需设置 DataSource 属性即可。在绑定到包含多个列表或表的数据源时，只需将 DataMember 属性设置为指定要绑定的列表或表的字符串即可。

控件可以三种不同的模式显示数据：绑定、未绑定和虚拟。可根据需要选择最合适的模式。

1）未绑定

未绑定模式适合于显示由程序管理的相对较少量的数据。不会像绑定模式那样将 DataGridView 控件直接连接到数据源。相反，必须亲自填充该控件，通常是使用 System.Windows.Forms.DataGridViewRowCollection.Add 方法。

未绑定模式对于静态只读数据非常有用，或者当希望提供自己的与外部数据存储区进行交互的代码，该模式同样非常有用。但如果希望用户与外部数据源进行交互，则通常使用绑定模式。

2）绑定

绑定模式适合于使用与数据存储区的自动交互来管理数据。通过设置 DataSource 属性，可将 DataGridView 控件直接连接到其数据源。当该控件绑定到数据时，无须主动管理即可存入和提取数据行。当 AutoGenerateColumns 属性为 true 时，将在控件中为数据源中的每一列创建相对应的列。如果希望创建自己的列，则可将此属性设置为 false，并在配置列时使用 DataPropertyName 属性绑定每一列。当想使用的列类型不是默认生成的类型时，此功能将非常有用。

也可以将未绑定列添加到使用绑定模式的 DataGridView 控件中。当希望显示一列使用户能对特定行执行操作的按钮或链接时，此功能将会非常有用。有时需要显示某列数据，该数据的值由绑定列计算得出，则可以在 CellFormatting 事件的处理程序中填充计算列的单元格值。但如果是使用 DataSet 或 DataTable 作为数据源，则要改用 System.Data.DataColumn.Expression 属性来创建计算列。在此情况下，DataGridView 控件将像处理数据源中所有其他列那样处理计算列。

在绑定模式下按未绑定列进行排序不受支持。如果在绑定模式下创建包含用户可编辑值的未绑定列，则必须实现虚拟模式以便在按绑定列对控件进行排序时保留这些值。

3）Virtual（虚拟）

使用虚拟模式，可以实现自己的数据管理操作。当处于绑定模式时，为了能够在按绑定列对控件进行排序时保留未绑定列的值，此模式是必需的。但是，虚拟模式的主要用途是在与大量数据进行交互时优化性能。

将 DataGridView 控件连接到所管理的缓存，此时代码将控制何时存入和提取数据行。若要使内存占有量保持较低水平，缓存大小应与当前所显示的行数相当。当用户将新行滚入视图中时，代码从缓存请求新的数据，并且可选择将旧数据从内存删除。

在实现虚拟模式时，需要跟踪数据模型中何时需要新行，以及何时回滚新行的添加操作。此项功能能否完全实现将取决于数据模型的实现以及数据模型的事务语义；还有，提交范围是在单元格级还是行级。

DataGridView 控件常用属性、事件如表 3-12、表 3-13 所示。

表 3-12 DataGridView 控件常用属性

属性	说明
Columns	可以添加、删除列属性，以及获取列属性的信息
DataSources	指定 DataGridView 控件的数据源
DefaultCellStyle	未设置其他样式情况下的默认样式
SelectionMode	指示如何选择 DataGridView 的单元格
AllowUserToDeleteRows	允许删除行

表 3-13 DataGridView 控件常用事件

事件	说明
CellClick	单击 DataGridView 控件单元格的任意部分发生
CellContentClick	单击 DataGridView 控件单元格的内容时发生
ColumnsAdded	将列添加到控件后发生
ColumnsRemoved	将控件中的列删除时发生
MouserHover	将鼠标在控件内保持静止状态达一段时间时发生
SelectionChanged	选择的内容发生改变时发生
RowsAdded	在向 DataGridView 中添加新行之后发生

3.3.2.2 DataGridView 控件使用举例

（1）首先用 Visual Studio 2010 建立一个 Windows 窗体应用程序项目，如图 3-15 所示。

（2）在自动创建的窗体 Form1 下，选用"工具箱""数据"选项卡中的数据绑定控件"DataGridView"，如图 3-16 所示，拖放到 Form1 窗体中合适的位置，控件尚未绑定数据而呈现灰色。

（3）点击 DataGridView 控件右上角的箭头，选择数据源，具体操作如图 3-17 所示。

在选择数据源中选择"添加项目数据源"，再选择"数据库"，点击"下一步"，选择"数据集"，此时需要"配置数据连接"，选择数据源为 Microsoft SQL Server 及用于 SQL Server 的.NET Framework，如图 3-18 所示。

（4）正确配置数据连接后，选择需要绑定和查询的数据库表及数据到 DataGridView 控件中，如图 3-19 所示。

第3章 ADO.NET

图 3-15 建立 Windows 窗体应用程序项目

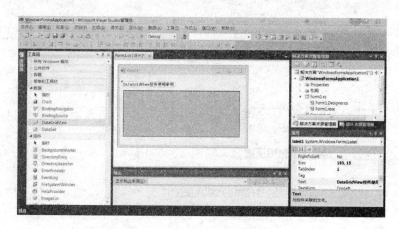

图 3-16 拖放 DataGridView 控件到 Form1 窗体中

图 3-17 选择数据源

(5)最终得到绑定数据运行程序后如图 3-20 所示。

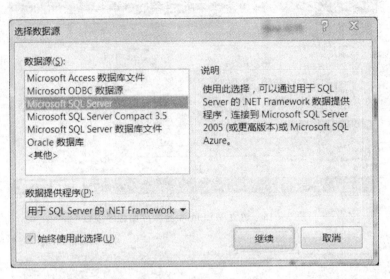

图 3-18 数据连接配置

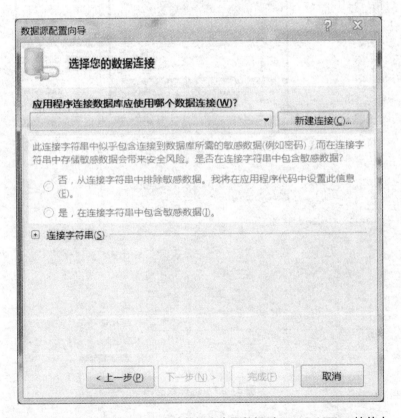

图 3-19 选择需要绑定和查询的数据库表及数据到 DataGridView 控件中

第3章 ADO.NET

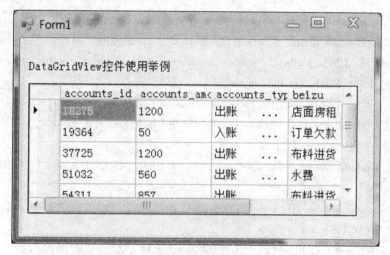

图3-20 DataGridView控件绑定数据后程序运行界面

3.3.2.3 DataSet 结合 DataGridView 控件使用举例

【例3-6】创建一个 Windows 应用程序,如图3-15所示,在默认窗体中添加一个 DataGridView 控件和一个 Button 控件,其中 DataGridView 控件用来显示和编辑从数据表中提取到 DataSet 中的数据,Button 控件用来使用 SqlDataAdapter 对象的 UpdateCommand 属性,并结合 Updata 方法对数据表中数据进行批量更新。代码如下:

```
string connStr = "server = (local); Initial Catalog = students; user Id = sa; password = sa";
SqlConnection conn;
SqlDataAdapter sqlda;
DataSet ds;
private void Form_Load(object sender, EventArgs s)
{
    //页面加载,从数据表中查询数据填充到数据集 ds 中
    //并将数据集 ds 中表中数据绑定显示在 DataGridView 控件中
    conn = new SqlConnection(connStr);
    sqlda = new SqlDataAdapter("select * from Cloth_Material", conn);
    ds = new DataSet();//实例化数据集
    sqlda.Fill(ds);//填充数据集
    dataGridView1.DataSource = ds.Tables[0];//对 DataGridView 控件进行数据绑定
}
//单击 Button 按钮,执行更新操作
private void button1_Click(object sender, EventArgs e)
{
    ds.Tables.Clear();//清空数据集
    sqlcon = new SqlConnection(connStr);    //实例化数据库连接对象
    //以下语句为实例化数据库适配器对象
```

```
sqlda = new SqlDataAdapter("select * from Cloth_Material", connStr);
//给 SqlDataAdapter 的 UpdateCommand 属性指定执行更新操作的 SQL 语句
sqlda.UpdateCommand = new SqlCommand("updateCloth_Material set Cloth_Material_
ID = @id, Cloth_Material_name = @name, Cloth_Material_accout = @accout where
Cloth_Material_ID = @id", conn);
//添加参数并给参数赋值
sqlda.UpdateCommand.Parameters.Add("@Cloth_Material_name", SqlDbType.
VarChar, 20, "name");
sqlda.UpdateCommand.Parameters.Add("@Cloth_Material_accout", SqlDbType.Int, "
accout");
SqlParameter prams_ID = sqlda.UpdateCommand.Parameters.Add("@Cloth_Material_
ID", SqlDbType.Int);
prams_ID.SourceColumn = "Cloth_Material_ID"; //设置@id 参数的原始列
prams_ID.SourceVersion = DataRowVersion.Original; //设置@id 参数的原始值
sqlda.Fill(ds); //填充数据集
//使用一个 for 循环更改数据集 ds 中表中的值
for(int i = 0; i < ds.Tables[0].Rows.Count; i++)
{
    ds.Tables[0].Rows[i]["Cloth_Material_name"] =
dataGridView1.Rows[i].Cells[1].Value.ToString();
    ds.Tables[0].Rows[i]["Cloth_Material_accout"] = Convert.ToInt32(dataGridView1.
Rows[i].Cells[2].Value);
}
    //调用 Update 方法提交更新后的数据集 myds, 并同步更新数据库数据
    sqlda.Update(myds);
    dataGridView1.DataSource = myds.Tables[0]; //对 DataGridView 控件进行数据绑定
}
```

第二篇　项目实战篇

第 4 章　准备阶段

4.1　软件开发过程

　　企业的软件开发能力取决于该企业的软件过程能力。如果一个企业软件过程能力越成熟，那么该企业的软件开发能力就越有保证。大量的实践经验表明，在体现企业软件开发能力的因素中，技术或工具并不是第一位的。其实，许多问题不是出在不懂怎么做，而是没有安排做、做的次序不对，或不知道怎样做得更好。

　　软件开发流程即软件设计思路和方法的一般过程，包括设计软件的功能和实现的算法与方法、软件的总体结构设计和模块设计、编程和调试、程序联调和测试以及编写、提交程序等一系列操作。

　　标准的软件开发过程包括了六个阶段，而这六个阶段需要编写的各类文件达 14 种之多。对于一款软件而言，有些文件的编写工作可能要在若干个阶段中延续进行。那么在每个阶段需要编写哪些文件，以及这些文件的主要内容都有哪一些呢？下面我们就来一一分析。

　　1）可行性与计划研究阶段

　　此阶段主要目的是确定软件的开发目标及可行性。该阶段需要编写的文件有：

　　(1) 可行性研究报告：在可行性研究与计划阶段内，要首先确定该软件的开发目标和总体要求。接下去要进行可行性分析、投资 – 收益分析、制订开发计划，并编写完成相应的文件。

　　(2) 项目开发计划：编制项目开发计划的目的主要是以文件的形式，把对于在开发过程中各项工作的负责人员、开发进度、所需经费预算、所需软/硬件条件等问题作出的安排记载下来，以便根据本计划开展和检查本项目的开发工作及进度。

　　2）需求分析阶段

　　在确定软件开发可行性的情况下，对软件需要实现的各个功能进行详细需求分析。需求分析阶段是一个很重要的阶段，这阶段将为软件项目的开发打下良好的基础。

　　(1) 软件需求说明书：软件需求说明书的编制是为了使用户和软件开发者双方对该软件的初始规定有一个共同的理解，使之成为整个开发工作的基础。内容包括对功能的规定、对性能的规定等方面。当然，"唯一不变的是变化本身"。同样，软件需求也可以在整个软件开发过程中不断变化和深入。因此还需要制订相应的需求变更计划来应付这类变化，以此保证整个项目的正常运行。该阶段主要使用业务流图对用户的主要业务流程进行描述。

　　(2) 数据要求说明书：数据要求说明书的编制目的是为了向整个开发时期提供关于被处理数据的描述和数据采集要求的技术信息。

（3）用户手册（初步的）：用户手册的编制是要使用非专门术语的语言，充分地描述该软件系统所具有的功能及基本的使用方法。使用户（或潜在用户）通过本手册能够充分了解该软件的用途，并且能够确定在什么情况下使用及该如何使用。

3）设计阶段

（1）概要设计说明书：概要设计说明书又可称系统设计说明书，这里所说的系统是指程序系统。编制的目的是为了说明设计人员对程序系统的设计考虑，包括程序系统的基本处理流程、程序系统的组织结构、模块划分、功能分配、接口设计、运行设计、数据结构设计和出错处理设计等，为程序的详细设计提供基础支持。

（2）详细设计说明书：详细设计说明书又可称程序设计说明书。编制目的是说明一个软件系统各个层次中的每一个程序（每个模块或子程序）的设计。如果一个软件系统比较简单，层次很少，本文件可以不单独编写，有关内容可合并入概要设计说明书。

（3）数据库设计说明书：数据库设计说明书的编制目的是对于设计中的数据库的所有标识、逻辑结构和物理结构作出具体的设计规定。

（4）测试计划初稿：这里所说的测试，主要是指整个程序系统的组装测试和确认测试。本文件的编制是为了提供一个对该软件的测试计划，包括对每项测试活动的内容、进度安排、设计考虑、测试数据的整理方法及评价准则。

4）实现阶段

（1）模块开发卷宗：模块开发卷宗是在模块开发过程中逐步编写出来的，每完成一个模块或一组密切相关的模块的复审时编写一份，应该把所有的模块开发卷宗汇集在一起。编写的目的是记录和汇总低层次开发的进度和结果，以便于对整个模块开发工作的管理和复审，并为将来的维护提供非常有用的技术信息。

（2）用户手册：实现功能后需要完善系统用户手册。用户手册是需求级别的文档，详细描述了软件的功能、性能和用户界面，使用户了解到如何使用该软件。

（3）操作手册：操作手册的编制是为了向操作人员提供该软件每一个运行的具体过程和有关知识，包括操作方法的细节。

（4）测试计划（终稿）。对设计阶段的测试计划初稿进行完善，需要定义测试策略，定义测试主题，定义测试类型，创建需求覆盖，设计测试步骤，创建测试脚本（可进行自动测试的部分），产生报告和图表来分析测试计划数据，并检查所有测试。

5）测试阶段

（1）模块开发卷宗（此阶段内必须完成）。

（2）测试分析报告：测试分析报告的编写是为了把组装测试和确认测试的结果、发现及分析写成文件加以记载。

（3）项目开发总结报告：项目开发总结报告的编制是为了总结本项目开发工作的经验，说明实际取得的开发结果以及对整个开发工作的各个方面的评价。

6）运行与维护阶段

开发进度月报：开发进度月报的编制目的是及时向有关管理部门汇报项目开发的进展和情况，以便及时发现和处理开发过程中出现的问题。一般地，开发进度月报是以项目组为单位每月编写的。如果被开发的软件系统规模比较大，整个工程项目被划分给若干个分项目组承担，开发进度月报将以分项目组为单位按月编写。

鉴于软件开发是具有创造性的脑力劳动,也鉴于不同软件在规模和复杂程度上差别极大,在软件开发流程中对文件的编制工作应允许一定的灵活性,并不是 14 种文件每种都必须编写,而是应该根据实际的开发情况来确定。下面列举出一些文件编制的衡量因素,当然,这也只是列出了部分的情况,以供参考。

文件编制的衡量因素:

(1)在因素总和较低的情况下,项目开发总结报告的内容应包括:程序的主要功能、基本流程、测试结果和使用说明。

(2)测试分析报告应该写,但不必很正规。

(3)数据要求说明和数据库设计说明是否需要编写应根据所开发软件的实际需要来决定。

通常为了避免在软件开发中文件编制的不足或过分,一个简便的办法是把对软件文件的编制要求同软件的规模大小联系起来。软件的规模不妨分为四级:

(1)小规模软件:源程序行数小于 5000 的软件;

(2)中规模软件:源程序行数为 10000 ~ 50000 的软件;

(3)大规模软件:源程序行数为 100000 ~ 500000 的软件;

(4)特大规模软件:源程序行数大于 500000 的软件。

至于源程序行数为 5000 ~ 10000,50000 ~ 100000 的软件,其文件编制要求介于两级之间,可根据一个软件产品的具体情况。对于源程序行数大于 500000 的特大规模软件,可考虑进一步把本文规定的 14 种文件按实际需要扩展成更多种类。

4.2 软件开发流程模型

常见的软件研发流程有:边做边改模型、瀑布模型、快速原型模型、增量模型、螺旋模型、RUP 流程、IPD 流程等。下面我们一起来分析一下各个模型的特点。

4.2.1 边做边改模型(Build – and – Fix Model)

遗憾的是,许多产品都是使用"边做边改"模型来开发的。在这种模型中,既没有规格说明,也没有经过设计,软件随着客户的需要一次又一次地不断被修改。边做边改模型如图 4 – 1 所示。

在这个模型中,开发人员拿到项目立即根据需求编写程序,调试通过后生成软件的第一个版本。在提供给用户使用后,如果程序出现错误,或者用户提出新的要求,开发人员重新修改代码,直到用户满意为止。

这是一种类似作坊的开发方式,对编写几百行的小程序来说还不错,但这种方法对任何规模的开发来说都是不能令人满意的。其主要问题在于:

(1)缺少规划和设计环节,软件的结构随着不断的修改越来越糟,导致无法继续修改;

(2)忽略需求环节,给软件开发带来很大的风险;

(3)没有考虑测试和程序的可维护性,也没有任何文档,软件的维护十分困难。

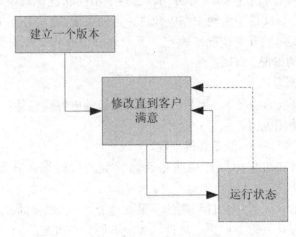

图 4－1　边做边改模型

4.2.2　瀑布模型(Waterfall Model)

　　1970 年 Winston Royce 提出了著名的"瀑布模型",直到 20 世纪 80 年代早期,它一直是唯一被广泛采用的软件开发模型。

　　瀑布模型如图 4－2 所示,它的核心思想是按工序将问题化简,将功能的实现与设计分开,便于分工协作,即采用结构化的分析与设计方法将逻辑实现与物理实现分开。将软件生命周期划分为制订计划、需求分析、软件设计、程序编写、软件测试和运行维护等六个基本活动,并且规定了它们自上而下、相互衔接的固定次序,如同瀑布流水,逐级下落。从本质来讲,它是一个软件开发架构,开发过程是通过一系列阶段顺序展开的,从系统需求分析开始直到产品发布和维护,每个阶段都会产生循环反馈,因此,如果有信息未被覆盖或者发现了问题,那么最好"返回"上一个阶段并进行适当的修改,开发进程从一个阶段"流动"到下一个阶段,这也是瀑布开发名称的由来。

　　在瀑布模型中,软件开发的各项活动严格按照线性方式进行,当前活动接受上一项活动的工作结果,实施完成所需的工作内容。当前活动的工作结果需要进行验证,如果验证通过,则该结果作为下一项活动的输入,继续进行下一项活动,否则返回修改。

　　瀑布模型强调文档的作用,并要求每个阶段都要仔细验证。但是,这种模型的线性过程太理想化,已不再适合现代的软件开发模式,几乎被业界抛弃。其主要问题在于:

　　(1)各个阶段的划分完全固定,阶段之间产生大量的文档,极大地增加了工作量;

　　(2)由于开发模型是线性的,用户只有等到整个过程的末期才能见到开发成果,从而增加了开发的风险;

　　(3)早期的错误可能要等到开发后期的测试阶段才能发现,进而带来严重的后果。

　　我们应该认识到,"线性"是人们最容易掌握并能熟练应用的思想方法。当人们碰到一个复杂的"非线性"问题时,总是千方百计地将其分解或转化为一系列简单的线性问题,然后逐个解决。一个软件系统的整体可能是复杂的,而单个子程序总是简单的,可以用线性的方式来实现,否则干活就太累了。线性是一种简洁,简洁就是美。当我们领会了线性的精神,就不要再呆板地套用线性模型的外表,而应该用活它。例如增量模型实质就是分段的线性模

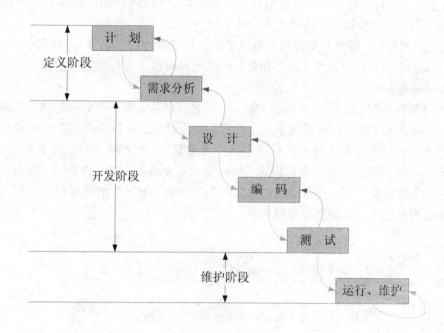

图 4-2 瀑布模型

型,螺旋模型则是接连的弯曲了的线性模型,在其他模型中也能够找到线性模型的影子。

4.2.3 快速原型模型(Rapid Prototype Model)

快速原型模型的第一步是建造一个快速原型,实现客户或未来的用户与系统的交互,用户或客户对原型进行评价,进一步细化待开发软件的需求。通过逐步调整原型使其满足客户的要求,开发人员可以确定客户的真正需求是什么;第二步则在第一步的基础上开发客户满意的软件产品。

显然,快速原型方法可以克服瀑布模型的缺点,减少由于软件需求不明确带来的开发风险,具有显著的效果。

快速原型的关键在于尽可能快速地建造出软件原型,一旦确定了客户的真正需求,所建造的原型将被丢弃。因此,原型系统的内部结构并不重要,重要的是必须迅速建立原型,随之迅速修改原型,以反映客户的需求。

4.2.4 增量模型(Incremental Model)

与建造大厦相同,软件也是一步一步建造起来的。在增量模型中,软件被作为一系列的增量构件来设计、实现、集成和测试,每一个构件是由多种相互作用的模块所形成的提供特定功能的代码片段构成。

增量模型在各个阶段并不交付一个可运行的完整产品,而是交付满足客户需求的一个子集的可运行产品。整个产品被分解成若干个构件,开发人员逐个构件地交付产品,这样做的好处是软件开发可以较好地适应变化,客户可以不断地看到所开发的软件,从而降低开发风险。但是,增量模型也存在以下缺陷:

(1)由于各个构件是逐渐并入已有的软件体系结构中的,所以加入构件必须不破坏已构造好的系统部分,这需要软件具备开放式的体系结构。

(2)在开发过程中,需求的变化是不可避免的。增量模型的灵活性可以使其适应这种变化的能力大大优于瀑布模型和快速原型模型,但也很容易退化为边做边改模型,从而使软件过程的控制失去整体性。

在使用增量模型时,如图4-3所示,第一个增量往往是实现基本需求的核心产品。核心产品交付用户使用后,经过评价形成下一个增量的开发计划,它包括对核心产品的修改和一些新功能的发布。这个过程在每个增量发布后不断重复,直到产生最终的完善产品。例如,使用增量模型开发字处理软件。可以考虑,第一个增量发布基本的文件管理、编辑和文档生成功能;第二个增量发布更加完善的编辑和文档生成功能;第三个增量实现拼写和文法检查功能;第四个增量完成高级的页面布局功能。

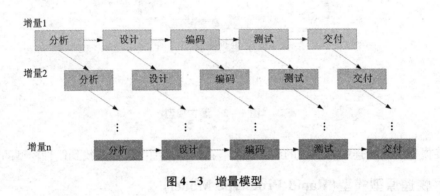

图4-3 增量模型

4.2.5 螺旋模型(Spiral Model)

1988年,Barry Boehm正式发表了软件系统开发的"螺旋模型",它将瀑布模型和快速原型模型结合起来,强调了其他模型所忽视的风险分析,特别适合于大型复杂的系统。

如图4-4所示,螺旋模型沿着螺旋线进行若干次迭代,图中的四个象限代表了以下活动:

- 制订计划:确定软件目标,选定实施方案,弄清项目开发的限制条件;
- 风险分析:分析评估所选方案,考虑如何识别和消除风险;
- 实施工程:实施软件开发和验证;
- 客户评估:评价开发工作,提出修正建议,制订下一步计划。

螺旋模型由风险驱动,强调可选方案和约束条件从而支持软件的重用,有助于将软件质量作为特殊目标融入产品开发之中。但是,螺旋模型也有一定的限制条件,具体如下:

(1)螺旋模型强调风险分析,但要求许多客户接受和相信这种分析,并做出相关反应是不容易的,因此,这种模型往往适应于内部的大规模软件开发。

(2)如果执行风险分析将大大影响项目的利润,那么进行风险分析毫无意义,因此,螺旋模型只适合于大规模软件项目。

(3)软件开发人员应该擅长寻找可能的风险,准确地分析风险,否则将会带来更大的风险。

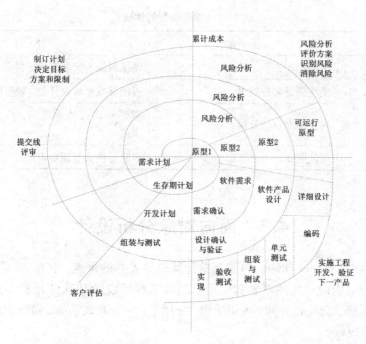

图 4-4 螺旋模型

一个阶段首先是确定该阶段的目标,完成这些目标的选择方案及其约束条件,然后从风险角度分析方案的开发策略,努力排除各种潜在的风险,有时需要通过建造原型来完成。如果某些风险不能排除,该方案立即终止,否则启动下一个开发步骤。最后,评价该阶段的结果,并设计下一个阶段。

4.2.6 统一软件过程 RUP(Rational Unified Process)

这是一个面向对象且基于网络的程序开发方法论。根据 Rational(Rational Rose 和统一建模语言的开发者)的说法,好像一个在线的指导者,它可以为所有方面和层次的程序开发提供指导方针、模版以及事例支持。RUP 和类似的产品——例如面向对象的软件过程(OOSP),以及 OPEN Process 都是理解性的软件工程工具——把开发中面向过程的方面(例如定义的阶段,技术和实践)和其他开发的组件(例如文档、模型、手册以及代码等等)整合在一个统一的框架内。

4.2.7 集成产品开发 IPD(Integrated Product Development)

集成产品开发是一套产品开发的模式、理念与方法。IPD 的思想来源于美国 PRTM 公司出版的《产品及生命周期优化法》(简称 PACE——Product And Cycle-time Excellence)一书,该书中详细描述了这种新的产品开发模式所包含的各个方面。

每个软件开发组织应该选择适合于该组织的软件开发模型,并且应该随着当前正在开发的特定产品特性而变化,以减小所选模型的缺点,充分利用其优点。表 4-1 列出了几种常见模型的优缺点。

表 4-1 常见模型的优缺点

模 型	优 点	缺 点
瀑布模型	文档驱动	系统可能不满足客户的需求
快速原型模型	关注满足客户需求	可能导致系统设计差、效率低，难于维护
增量模型	开发早期反馈及时，易于维护	需要开放式体系结构，可能会设计差、效率低
螺旋模型	风险驱动	风险分析人员需要有经验且经过充分的训练

4.3 面向对象分析设计

面向对象（OO，Object Oriented）是当前计算机界关心的重点，它是 20 世纪 90 年代软件开发方法的主流。面向对象的概念和应用已超越了程序设计和软件开发，扩展到很宽的范围。如数据库系统、交互式界面、应用结构、应用平台、分布式系统、网络管理结构、CAD 技术、人工智能等领域。

谈到面向对象，这方面的文章非常多。其初，"面向对象"是专指在程序设计中采用封装、继承、抽象等设计方法。可是，这个定义显然不能再适合现在的情况。面向对象的思想已经涉及软件开发的各个方面。如，面向对象的分析（OOA，Object Oriented Analysis）、面向对象的设计（OOD，Object Oriented Design）以及我们经常说的面向对象的编程实现（OOP，Object Oriented Programming）。许多有关面向对象的文章都只是讲述在面向对象的开发中所需要注意的问题或所采用的比较好的设计方法。看这些文章只有真正懂得什么是对象，什么是面向对象，才能最大程度地对自己有所裨益。这一点，恐怕对初学者甚至是从事相关工作多年的人员也会对它们的概念模糊不清。

下面我们来分析一下为何要强调面向对象，传统开发方法与面向对象的开发设计都有哪些特点及问题呢？

1）传统开发方法存在问题

（1）软件重用性差。

重用性是指同一事物不经修改或稍加修改就可多次重复使用的性质。软件重用性是软件工程追求的目标之一。

（2）软件可维护性差。

软件工程强调软件的可维护性，强调文档资料的重要性，规定最终的软件产品应该由完整、一致的配置成分组成。在软件开发过程中，软件的可读性、可修改性和可测试性是软件的重要的质量指标。实践证明，用传统方法开发出来的软件，维护时其费用和成本仍然很高，其原因是可修改性差，维护困难，导致可维护性差。

（3）开发出的软件不能满足用户需要。

用传统的结构化方法开发大型软件系统涉及各种不同领域的知识，在开发需求模糊或需求动态变化的系统时，所开发出的软件系统往往不能真正满足用户的需要。

用结构化方法开发的软件,其稳定性、可修改性和可重用性都比较差,这是因为结构化方法的本质是功能分解,从代表目标系统整体功能的单个处理着手,自顶向下不断把复杂的处理分解为子处理,这样一层一层地分解下去,直到仅剩下若干个容易实现的子处理功能为止,然后用相应的工具来描述各个最低层的处理。因此,结构化方法是围绕实现处理功能的"过程"来构造系统的。然而,用户需求的变化大部分是针对功能的,因此,这种变化对于基于过程的设计来说是灾难性的。用这种方法设计出来的系统结构常常是不稳定的,用户需求的变化往往造成系统结构的较大变化,从而需要花费很大代价才能实现这种变化。

2)面向对象的基本概念

(1)对象。

对象是人们要进行研究的任何事物,从最简单的整数到复杂的飞机等均可看作对象,它不仅能表示具体的事物,还能表示抽象的规则、计划或事件。

(2)对象的状态和行为。

对象具有状态,一个对象用数据值来描述它的状态。对象还有操作,用于改变对象的状态,对象及其操作就是对象的行为。对象实现了数据和操作的结合,使数据和操作封装于对象的统一体中。

(3)类。

具有相同或相似性质的对象的抽象就是类。因此,对象的抽象是类,类的具体化就是对象,也可以说类的实例是对象。类具有属性,它是对象的状态的抽象,用数据结构来描述类的属性。类具有操作,它是对象的行为的抽象,用操作名和实现该操作的方法来描述。

(4)类的结构。

在客观世界中有若干类,这些类之间有一定的结构关系。通常有两种主要的结构关系,即一般–具体结构关系、整体–部分结构关系。

①一般–具体结构称为分类结构,也可以说是"或"关系,或者是"is a"关系。

②整体–部分结构称为组装结构,它们之间的关系是一种"与"关系,或者是"has a"关系。

(5)消息和方法。

对象之间进行通信的结构叫做消息。在对象的操作中,当一个消息发送给某个对象时,消息包含接收对象去执行某种操作的信息。发送一条消息至少要包括说明接受消息的对象名、发送给该对象的消息名(即对象名、方法名)。一般还要对参数加以说明,参数可以是认识该消息的对象所知道的变量名,或者是所有对象都知道的全局变量名。

类中操作的实现过程叫做方法,一个方法有方法名、参数、方法体。

3)面向对象的特征

(1)对象唯一性。

每个对象都有自身唯一的标识,通过这种标识,可找到相应的对象。在对象的整个生命期中,它的标识都不改变,不同的对象不能有相同的标识。

(2)分类性。

分类性是指将具有一致的数据结构(属性)和行为(操作)的对象抽象成类。一个类就是这样一种抽象,它反映了与应用有关的重要性质,而忽略其他一些无关内容。任何类的划分都是主观的,但必须与具体的应用有关。

(3)继承性。

继承性是子类自动共享父类数据结构和方法的机制,这是类之间的一种关系。在定义和实现一个类的时候,可以在一个已经存在的类的基础之上来进行,把这个已经存在的类所定义的内容作为自己的内容,并加入若干新的内容。

在类层次中,子类只继承一个父类的数据结构和方法,则称为单重继承。在类层次中,子类继承了多个父类的数据结构和方法,则称为多重继承。

在软件开发中,类的继承性使所建立的软件具有开放性、可扩充性,这是信息组织与分类的行之有效的方法,它简化了对象、类的创建工作量,增加了代码的可重性。

采用继承性,提供了类的规范的等级结构。通过类的继承关系,使公共的特性能够共享,提高了软件的重用性。

(4)多态性(多形性)。

多态性是指相同的操作或函数、过程可作用于多种类型的对象上并获得不同的结果。不同的对象,收到同一消息可以产生不同的结果,这种现象称为多态性。多态性允许每个对象以适合自身的方式去响应共同的消息。多态性增强了软件的灵活性和重用性。

4)面向对象的要素

(1)抽象。

抽象是指强调实体的本质、内在的属性。在系统开发中,抽象指的是在决定如何实现对象之前的对象的意义和行为。使用抽象可以尽可能避免过早考虑一些细节。类实现了对象的数据(即状态)和行为的抽象。

(2)封装性(信息隐藏)。

封装性是保证软件部件具有优良的模块性的基础。面向对象的类是封装良好的模块,类定义将其说明(用户可见的外部接口)与实现(用户不可见的内部实现)显式地分开,其内部实现按其具体定义的作用域提供保护。对象是封装的最基本单位。封装防止了程序相互依赖性而带来的变动影响。面向对象的封装比传统语言的封装更为清晰、更为有力。

(3)共享性。

面向对象技术在不同级别上促进了共享。同一类中的共享。同一类中的对象有着相同数据结构。这些对象之间是结构、行为特征的共享关系。

在同一应用中共享。在同一应用的类层次结构中,存在继承关系的各相似子类中,存在数据结构和行为的继承,使各相似子类共享共同的结构和行为。使用继承来实现代码的共享,这也是面向对象的主要优点之一。

在不同应用中共享。面向对象不仅允许在同一应用中共享信息,而且为未来目标的可重用设计准备了条件。通过类库这种机制和结构来实现不同应用中的信息共享。

5)面向对象的开发方法

目前,面向对象开发方法的研究已日趋成熟,国际上已有不少面向对象产品出现。面向对象开发方法有 Coad 方法、Booch 方法和 OMT 方法等。

(1)Booch 方法。

Booch 最先描述了面向对象的软件开发方法的基础问题,指出面向对象开发是一种根本不同于传统的功能分解的设计方法。面向对象的软件分解更接近人对客观事务的理解,而功能分解只通过问题空间的转换来获得。

(2) Coad 方法。

Coad 方法是 1989 年 Coad 和 Yourdon 提出的面向对象开发方法。该方法的主要优点是通过多年来大系统开发的经验与面向对象概念的有机结合，在对象、结构、属性和操作的认定方面，提出了一套系统的原则。该方法完成了从需求角度进一步进行类和类层次结构的认定。尽管 Coad 方法没有引入类和类层次结构的术语，但事实上已经在分类结构、属性、操作、消息关联等概念中体现了类和类层次结构的特征。

(3) OMT 方法。

OMT 方法是 1991 年由 James Rumbaugh 等 5 人提出来的，其经典著作为"面向对象的建模与设计"。该方法是一种新兴的面向对象的开发方法，开发工作的基础是对真实世界的对象建模，然后围绕这些对象使用分析模型来进行独立于语言的设计，面向对象的建模和设计促进了对需求的理解，有利于开发出更清晰、更容易维护的软件系统。该方法为大多数应用领域的软件开发提供了一种实际的、高效的保证，努力寻求一种问题求解的实际方法。

(4) UML(Unified Modeling Language)语言。

软件工程领域在 1995—1997 年取得了前所未有的进展，其成果超过软件工程领域过去 15 年的成就总和，其中最重要的成果之一就是统一建模语言(UML)的出现。UML 将是面向对象技术领域内占主导地位的标准建模语言。

UML 不仅统一了 Booch 方法、OMT 方法、OOSE 方法的表示方法，而且对其作了进一步的发展，最终统一为大众接受的标准建模语言。UML 是一种定义良好、易于表达、功能强大且普遍适用的建模语言。它融入了软件工程领域的新思想、新方法和新技术。它的作用域不限于支持面向对象的分析与设计，还支持从需求分析开始的软件开发全过程。

6) 面向对象的模型

对象模型表示了静态的、结构化的系统数据性质，描述了系统的静态结构，它是从客观世界实体的对象关系角度来描述的，表现了对象的相互关系。该模型主要关心系统中对象的结构、属性和操作，它是分析阶段三个模型的核心，是其他两个模型的框架。

(1) 对象和类。

①对象。对象建模的目的就是描述对象。

②类。通过将对象抽象成类，我们可以使问题抽象化，抽象增强了模型的归纳能力。

③属性。属性指的是类中对象所具有的性质(数据值)。

④操作和方法。操作是类中对象所使用的一种功能或变换。类中的各对象可以共享操作，每个操作都有一个目标对象作为其隐含参数。方法是类的操作的实现步骤。

(2) 关联和链。

关联是建立类之间关系的一种手段，而链则是建立对象之间关系的一种手段。

①关联和链的含义。链表示对象间的物理与概念联结，关联表示类之间的一种关系，链是关联的实例，关联是链的抽象。

②角色。角色说明类在关联中的作用，它位于关联的端点。

③受限关联。受限关联由两个类及一个限定词组成，限定词是一种特定的属性，用来有效地减少关联的重数，限定词在关联的终端对象集中说明。限定提高了语义的精确性，增强了查询能力，在现实世界中，常常出现限定词。

④关联的多重性。关联的多重性是指类中有多少个对象与关联的类的一个对象相关。重

数常描述为"一"或"多"。小实心圆表示"多个",从零到多。小空心圆表示零或一。没有符号表示的是一对一关联。

(3)类的层次结构。

①聚集关系。聚集是一种"整体-部分"关系。在这种关系中,有整体类和部分类之分。聚集最重要的性质是传递性,也具有逆对称性。聚集可以有不同层次,可以把不同分类聚集起来得到一棵简单的聚集树,聚集树是一种简单表示,比画很多线来将部分类联系起来简单得多,对象模型应该容易地反映各级层次。

②一般化关系。一般化关系是在保留对象差异的同时共享对象相似性的一种高度抽象方式。它是"一般—具体"的关系。一般化类称为基类,具体类又能称为子类,各子类继承了基类的性质,而各子类的一些共同性质和操作又归纳到基类中。因此,一般化关系和继承是同时存在的。一般化关系的符号表示是在类关联的连线上加一个小三角形。

(4)对象模型。

①模板。模板是类、关联、一般化结构的逻辑组成。

②对象模型。对象模型是由一个或若干个模板组成。模板将模型分为若干个便于管理的子块,在整个对象模型和类及关联的构造块之间,模板提供了一种集成的中间单元,模板中的类名及关联名是唯一的。

4.4　团队分工

在很多场合,我们都听到人们说"人才是最重要的资产",我想,这不是一句空话。有了人才就有一切,这是一个真理。对于软件开发来说更是如此。当然,对人才的关注并不意味着要人才堆积甚至浪费,人才浪费反而会影响整个团队。

人才只是一个个的点,如果没有形成一个有效的团队,人才再多也毫无意义。软件开发是一个需要协同作战的工作,团队是软件开发工作的基本组织,因此形成一个有效的团队是软件组织成功的基础。

现在的软件开发行业内,人才是一个重要的问题,但是对于人才的缺失,有些软件开发公司会采取培训软件开发人才的措施,然而有的企业却因为自身公司的软件开发人才问题,没有一个领头羊,企业资金也难以周转,没有更多的钱去让企业的软件开发人员去外面的企业培训,于是软件开发的人员问题一直没有得到解决,更准确地说是缓解。

很多时候,团队作战听起来容易做起来难。软件开发就像做外科手术,外科主任应该是技术最强的人,熟知每一项技术细节的人,所以软件组织的领导也应该是技术最全面、每个细节都精通的人。软件开发真的像医生看病做手术吗?我们来看看这里面有什么不同。医生通常面对的是一个病人,通常处理的是一个个案,当然一个复杂的手术也需要麻醉、影像、护士、助手的配合才能完成。一个软件项目呢?软件项目也有大小的区别,小的项目一个人处理所有环节,前端、业务逻辑、数据库;大的项目通常有一个团队共同完成,需求分析、结构设计、概要设计、详细设计、编码、测试,中间贯穿配置管理、流程管理等,可由几人、几十人、几百人的团队共同完成。当领导几十人、几百人的团队的时候,项目的成功与否,不光是领导者的技术能力所能够决定的,更重要的是领导者的管理能力和领导能力决定的。可见,不同软件企业的CTO对软件组织的模式认识也是不同的。

既然我们认识到了团队是一个软件组织的基本作战单位，那么我们应该怎样建立一个团队呢？我们建立的团队应该包含哪些模块呢？我们可以从以下几个方面入手来对我们面对的问题先进行一个分析：团队的技术要求是什么？团队要具有哪些功能模块？什么样的员工适合我们的团队？

在知识准备方面，要加强培训工作，建立内部过程评估队伍和庞大的过程改善队伍。对各角色人员进行专项培训，普遍开展软件开发知识的培训，使每个岗位的人员都具备过程改进的意识，并掌握所必需的过程改进知识和技能。此外，要重视对软件工程的研究，包括方法、工具和过程，加速培养过程改进的骨干队伍。

在能力准备方面，建立有效的软件项目管理，文档化且遵循软件项目管理过程，在建立管理过程中，使用组织的方针来指导项目，建立基本软件工作产品完成准则和检查单，并迅速实施，然后根据反馈意见及时修改。坚持适当的监控机制，例如对项目进度进行跟踪而建立的例会制度，制度化的日报和周报活动。做好实际数据收集、测量与分析工作等。重复成功的以前项目的开发经验。

花费一年或数年的时间才能完成，需要很多人的能力合作是大型软件项目的特点。为了提高工作效率，保证工作质量，软件开发人员的组织、分工与管理是一项十分重要和复杂的工作，它直接影响到软件项目的成功与失败。首先，由于软件开发人员的个人素质与差异很大，因此对软件开发人员的选择、分工十分关键。

1970 年，Sackman 对 12 名程序员用两个不同的程序进行试验，结论是：程序排错、调试时间差别为 18:1；程序编制时间差别为 15:1；程序长度差别为 6:1；程序运行时间差别为 13:1。

近年来，随着软件开发方法的提高、工具的改善，上述差异可能会减小，但软件人员的合理选择及分工，充分发挥每个人的特长和经验显然是十分重要的。其次，因为软件产品不易理解、不易维护，因此软件人员的组织方式十分关键。

一个重要的原则是，软件开发人员的组织结构与软件项目开发模式和软件产品的结构相对应，这样可以达到软件开发的方法、工具与人的统一，从而降低管理系统的复杂性，有利于软件开发过程的管理与质量控制。按树形结构组织软件开发人员是一个比较成功的经验。树的根是软件项目经理和项目总的技术负责人。理想的情况是项目经理和技术负责人由一个人或一个小组担任。树的结点是程序员小组，为了减少系统的复杂性、便于项目管理，树的结点每层不要超过 7 个，在此基础上尽量降低树的层数。程序员小组的人数应视任务的大小和完成任务的时间而定，一般是 2～5 人。为降低系统开发过程的复杂性，程序员小组之间，小组内程序员之间的任务界面必须清楚并尽量简化。

按"主程序员"组织软件开发小组是一条比较成功的经验。"主程序员"应该是"超级程序员"。其他成员，包括程序员、后备工程师等，是主程序员的助手。主程序员负责规划、协调和审查小组的全部技术活动。程序员负责软件的分析和开发。后备工程师是主程序员的助手，必要时能代替主程序员领导小组的工作并保持工作的连续性。软件开发小组还可以根据任务需要配备有关专业人员，如数据库设计人员、远程通信和协调人员，提高工作效率。这种形式的成败主要取决于程序员的技术和管理水平。除了按主程序员负责的程序员小组组织开发人员外，还可以按"无我程序设计"建立软件民主开发小组。这各组织形式强调组内成员人人平等，组内问题均由集体讨论决定。这种组织形式有利于集思广益、互相取长补短，但工作效率比较低。

软件项目或软件开发小组可以配置若干个秘书、软件工具员、测试员、编辑和律师等到。秘书负责维护和管理软件配置中的文档、源代码、数据及所依附的各种磁介质；规范并收集软件开发过程中的数据；规范并收集可重用软件，对它们分类并提供检索机制；协助软件开发小组准备文档，对项目中的各种参数，如代码行、成本、工作进度等，进行估算；参与小组的管理、协调和软件配置的评估。大型软件项目需专门配置一个或几个配置管理人员，专门负责软件项目的程序、文档和数据的各种版本控制，保证软件系统的一致性与完整性。软件开发小组内部和小组之间经常交流情况和信息，以便减少误解，删除软件中的个人特征，提高软件的质量。

不同的系统具有不同的技术要求，比如实时系统和信息系统的要求就不一样，常见的实时系统如电信系统，要求任何时候都不能中断，而信息系统，比如简单的 OA 系统，短暂的停顿造成的影响不是很大。因此在建立软件组织的时候需要考虑所从事软件项目的技术要求，我们首先要考虑我们开发的是什么系统，它的技术要求是什么，并在此基础上考虑软件组织的构成人员的要求。这个道理其实很简单，通常没有人为了 OA 系统的开发去招聘研究算法的博士。同时，对系统技术要求的过低估计通常会造成很低的客户满意度，也不利于组织的能力的提升。因此我们要仔细分析组织的技术要求，同时考虑组织未来发展的要求，尽量做到合理估计组织技术能力需求。

软件项目的开发实践表明，软件开发各个阶段所需要的技术人员类型、层次和数量是不同的。软件项目的计划与分析阶段只需要少数人，主要是系统分析员、从事软件系统论证和概要设计的软件高级工程师和项目高级管理人员。概要设计时要增加一部分高级程序员，详细设计时，要增加软件工程师和程序员，在编码和测试阶段还要增加程序员、软件测试员。在此过程中软件开发管理人员和各类专门人员逐渐增加，到测试阶段结束时，软件项目开发人员的数量达到顶峰。

软件运行初期，参加软件维护的人员比较多，过早解散软件开发人员会给软件维护带来意想不到的困难。软件运行一段时间以后，由于软件开发人员参与纠错性维护，软件出错率会很快衰竭，这时软件开发人员也就可以逐步撤出。如果系统不做适应性或完善性维护，需要留守的维护人员就不多了。上述人力资源安排类似图 4-5 所示 Rayleigh-Norden 曲线。

根据 Putnam 得出的软件项目开发工作量与开发时间的四次方成反比的结论，得出软件开发的人员-时间折中定律：在时间允许的情况下，适当减少人员会提高工作效率，降低软件开发成本。F. Brooks 从大量的软件开发实践中发现："向一个已经延期的软件项目追加开发人员，可能使项目完成的更晚。"这从另一个角度说明软件开发宁可时间长一点，人员少一点。这样可以大大减少人员之间的通信开销，工作效率会更高些。

一般一个团队中包含以下这些分工角色：技术总监、项目经理、项目助理、系统分析师、产品经理、leader、主程、辅程、测试、美工、DBA 等，他们的大致职责描述如下：

1）技术总监

技术总监对系统方向和团队中一些决策性的事进行管理，包括日常事务。虽然他不需要编码，但能担任技术总监，这绝对不是拿来显摆的，他肯定是经历了设计开发、产品的实施，并对系统的战略性发展都有相当的见解，对整个系统的所有流程都面面俱到，不单单局限于技术层面，因为他需要主导整个团队运作。

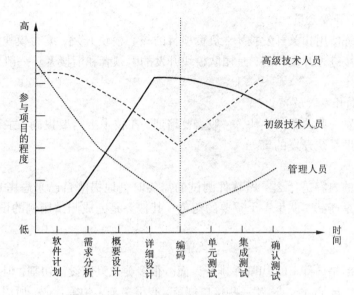

图 4-5　软件开发周期各阶段人员参与情况

2）项目经理

项目经理具有一定的沟通能力、良好的职业道德、丰富的知识和经验，同时需要具有综合的管理和决策能力。项目经理需要对整个项目完全负责，需要负责确认项目成本、计划项目范围、控制系统进度和质量、评估把控项目风险等，同时确保各项计划得到上级领导、客户方及项目组成员认可，进而进行工作任务的分配、项目中日常事务调配、人员配置。

3）项目助理

项目助理对会议、文档、日常事务的跟踪进行管理。别以为这个只是助理一职，这个职务在整个项目中，是至关重要的位置，它贯穿于团队中每个职务之中。其他职务是针，它就是一根线，它可以对项目中每个人的工作进行监控、总结和传达任务。

4）系统分析师

系统分析师对系统进行构架设计、技术评估、环境开发，编写概要设计文档与设计规范文档，对各类技术点进行分析。其要求技术全面，并掌握熟练，有丰富的项目经验，在各种环境下，给出最佳的解决方案。

5）产品经理

产品经理对系统功能做需求分析、用户体验设计，编写需求文档。如果我们接到任务，我们的产品需要做哪些功能，产品经理必须给出需求，将功能项目实际列举出来。不但要知道自己做什么样的东西，还要了解我们做出来怎么用。现在一般的开发团队中还没有这个职位，其实这个职位对一个产品的好坏影响很大，我们在产品开发完成后，常常遇到一个问题，就是产品刚出来就感觉已经落后了。

6）Leader

Leader 的任务是管理项目组成员、技术难点分析，编写详细设计文档。其要求技能特色突出，有创新能力，其他方面都可以讲出一二，对行业内的动态都很关注，有一定的交际

7）主程（核心开发人员）

主程要求熟练使用相关开发技术，负责项目的核心模块开发，编写模块设计文档，不需要培训就可以直接进入开发状态，是团队模块开发的引领者和衔接者。一般经历过几个项目的人都可以担当。

8）辅程（协助开发人员）

这类人能开发一些简单的模块，一般需要培训，在技术上需要提高，主要是协助核心开发人员做一些辅助系统开发的事。

9）测试员

测试最核心的内容是什么？做软件测试的需要时刻地提醒自己来思考这个最重要的问题。测试员绝对是产品团队里一个重要的角色。其任务是完成测试用例的设计、文档，编写测试文档。

10）美工

美工主要任务是设计 UI，切割并排好界面。很多美工只懂设计切割，但我们要求的不仅仅是这样，还要会 html、css、js 及一些接口规范，有很多美工怕写代码，所以在招聘的时候一般招两个：一个设计切割，一个排版处理，两个结合处理。

11）DBA

DBA 的任务是搭建好数据库环境，准备数据规范，更新数据以及数据文档，对数据系统性能分析、迁移、管理等工作。

很多人都看过软件工程方面的书，在实践中我们基本也是按照规范去做的，现在，我们简单总结一下一个软件组织应该具有的能力：需求分析、架构设计、概要设计、详细设计、编码、测试、配置管理、流程管理、过程管理等。但并不是任何规模的软件组织都要完全建立独立的组织来完成上述的功能，很多时候软件团队也是可以人员复用的，比如设计和编码通常可以融合。通常我们需要根据我们项目的实际情况，对组织能力作出适当的裁减，对人员复用作出合理的安排，并在此基础上决定我们的组织规模和构成。

由此可见，在软件开发过程中，人员的选择、分配和组织是涉及软件开发效率、软件开发进度、软件开发过程管理和软件产品质量的重大问题，必须引起项目相关负责人的高度重视。

4.5 项目环境

在软件项目中，项目环境体现为项目开发环境和系统运行环境。

4.5.1 项目开发环境

- 系统开发平台：Microsoft Visual Studio 2010
- 系统开发语言：C#
- 数据库管理系统：Microsoft SQL Server 2008
- 源代码管理工具：SVN

4.5.2 系统运行环境

■ 系统运行平台：Windows XP(SP2)/Windows 7/Windows 8/Windows Server 2008
■ 数据库管理系统：Microsoft SQL Server 2008 或者以上版本
■ .Net Framework 版本：Microsoft.NET Framework 4.0
■ Web 服务器：IIS 6.0 或者以上版本

4.6 源代码管理

源代码版本控制是跨任意编程语言的基本工具，是我们项目开发团队最基本的工具，是项目开发团队的生命线。

SVN 是 Subversion 的简称，是一个开放源代码的版本控制系统，相较于 RCS、CVS，它采用了分支管理系统，它的设计目标就是取代 CVS。互联网上很多版本控制服务已从 CVS 迁移到 Subversion。

4.6.1 SVN 服务器的搭建和使用

4.6.1.1 下载和搭建 SVN 服务器

SVN 服务器下载地址为：http://subversion.apache.org/packages.html，进入下载页面找到下载位置，如图 4-6 所示。

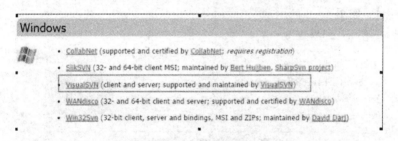

图 4-6 SVN 服务器下载位置

最好用 VisualSVN Server 服务端和 TortoiseSVN 客户端搭配使用。点开上面的 VisualSVN 连接，下载 VisualSVN Server，下载完成后双击安装，如图 4-7 所示。

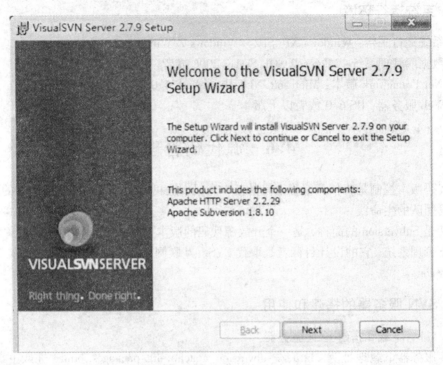

图 4 – 7　VisualSVN Server(1)

点击【Next】,如图 4 – 8 所示。

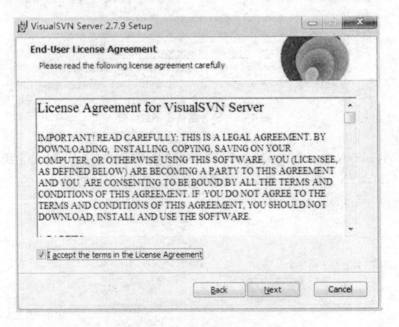

图 4 – 8　VisualSVN Server(2)

继续点击【Next】,如图 4-9 所示。

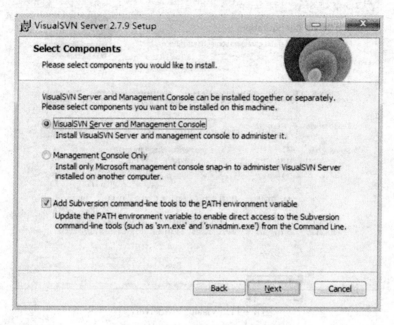

图 4-9　VisualSVN Server(3)

继续点击【Next】,如图 4-10、图 4-11 所示。

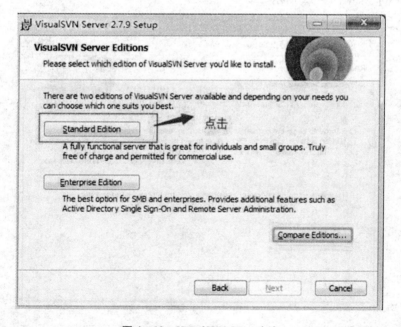

图 4-10　VisualSVN Server(4)

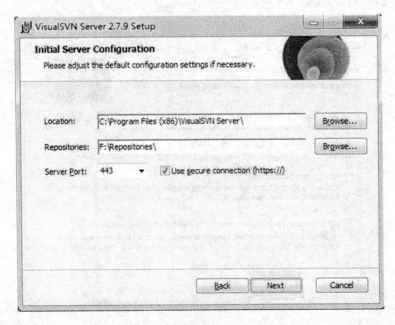

图 4-11 VisualSVN Server(5)

Location 是指 VisualSVN Server 的安装目录，Repositorys 是指定你的版本库目录，Server Port 指定一个端口，Use secure connection 勾选表示使用安全连接。

点击【Next】，如图 4-12 所示。

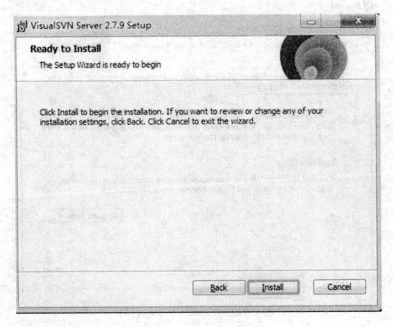

图 4-12 VisualSVN Server(6)

再点击【Install】,进入如图 4-13 所示安装图:

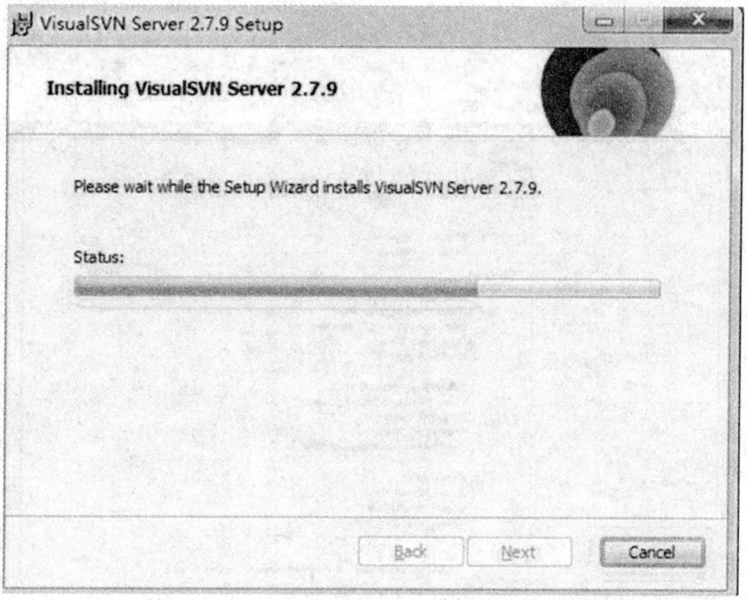

图 4-13 VisualSVN Server(7)

等待安装完成后,点击【Next】,进入下一步,如图 4-14 所示。

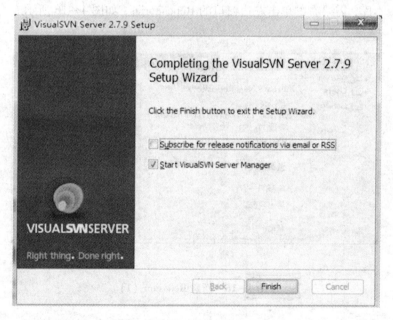

图 4-14 VisualSVN Server(8)

点击【Finish】,完成 SVN 服务器的搭建工作。

4.6.1.2 使用 VisualSVN Server 建立版本库

启动 VisualSVN Server Manager，如图 4-15 所示。

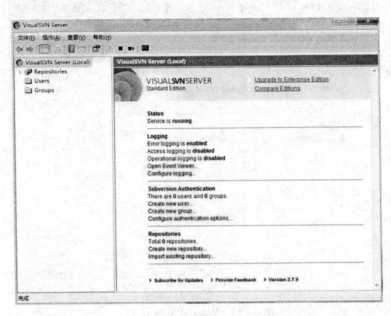

图 4-15　启动 VisualSVN Server Manager

可以在窗口的右边看到版本库的一些信息，比如状态、日志、用户认证、版本库等。要建立版本库，需要右键单击左边窗口的 Repositories，如图 4-16 所示。

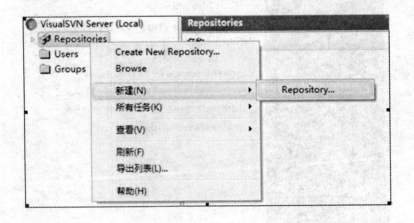

图 4-16　新建 Repository(1)

在弹出的右键菜单中选择 Create New Repository 或者新建 -> Repository，如图 4-16 所示。

点击【下一步】，如图 4-17 所示。

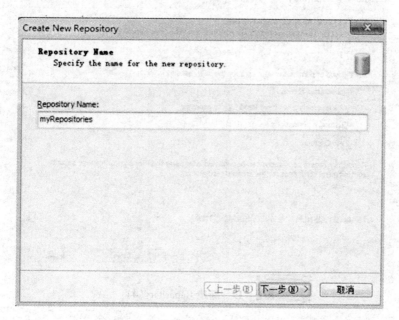

图 4-17 新建 Repository(2)

点击【下一步】，如图 4-18 所示。

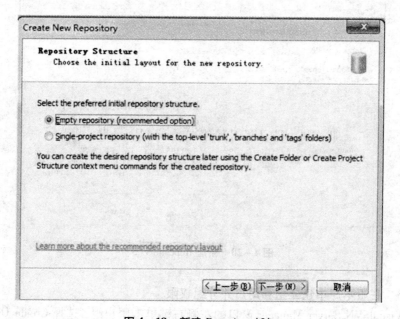

图 4-18 新建 Repository(3)

点击【Create】，如图 4-19 所示。点击【Finish】即可完成基本创建，如图 4-20 所示。

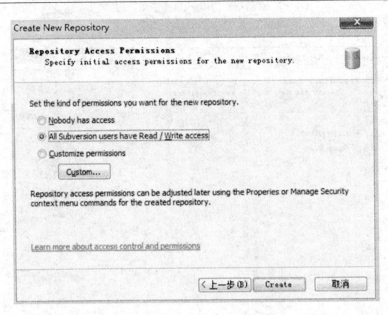

图 4-19 新建 Repository(4)

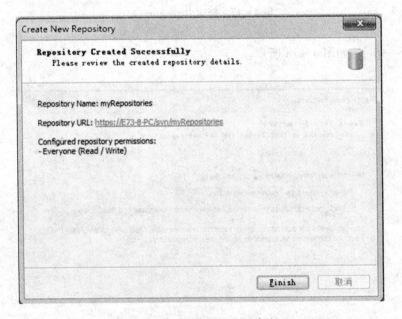

图 4-20 新建 Repository(5)

4.6.1.3 在版本库中建立组和用户并分配权限

(1)在 VisualSVN Server Manager 窗口的左侧右键单击用户组,选择 Create User 或者新建->User,如图 4-21 所示。

(2)点击 User 后,进入图 4-22 所示界面。填写 User name 和 Password 后,点击【OK】按钮后,进入图 4-23 所示界面。

(3)点击【Add】按钮后,进入图 4-24 所示界面。

第 4 章 准备阶段

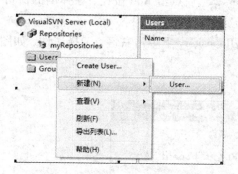

图 4-21 新建 User 和 Group(1)

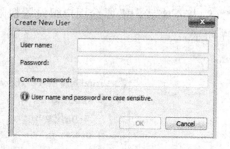

图 4-22 新建 User 和 Group(2)

图 4-23 新建 User 和 Group(3)

图 4-24 新建 User 和 Group(4)

(4)增加 longen0707 到用户中(若有多个用户,操作一样)。

(5)然后我们建立用户组,在 VisualSVN Server Manager 窗口的左侧右键单击用户组,选择 Create Group 或者新建->Group,如图 4-25 所示。

(6)点击【Group】按钮后,进入图 4-26 所示界面。

图 4-25 新建 User 和 Group(5)

图 4-26 新建 User 和 Group(6)

（7）在弹出窗口中填写 Group name 为 Developers，然后点击 Add 按钮，在弹出的窗口中选择 Developer，加入到这个组，然后点击【OK】。

（8）接下来我们需要给用户组设置权限，在 MyRepository 上单击右键，选择属性，如图 4-27 所示。

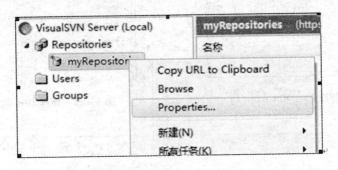

图 4-27　新建 User 和 Group(7)

（9）在弹出的对话框中，选择 Security 选项卡，点击 Add 按钮，选中 longen0707，然后添加进来，权限设置为 Read/Write，如图 4-28 所示。

（10）点击【确定】按钮即可。

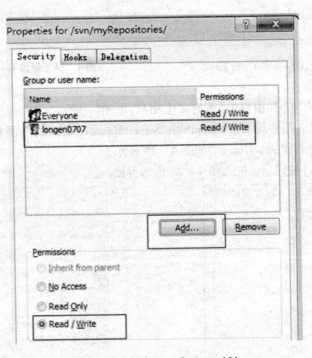

图 4-28　新建 User 和 Group(8)

4.6.2　TortoiseSVN 的安装和使用

TortoiseSVN 的下载地址为：http://tortoisesvn.net/downloads.html，进入下载页面找到下载位置，下载安装文件。

4.6.2.1　TortoiseSVN 的安装

打开 TortoiseSVN-1.7.11.23600-win32-svn-1.7.8.msi，点击【下一步】，如图 4-29 所示。

选择【I accept the terms in the License Agreement】，继续点击【下一步】，如图 4-30 所示。

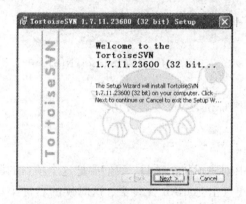

图 4-29　安装 TortoiseSVN(1)

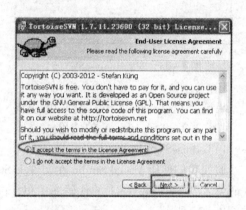

图 4-30　安装 TortoiseSVN(2)

点击【Browse】选择文件夹，或者默认，点击【下一步】，如图 4-31 所示。

点击【Install】安装，等待安装完成，点击【Finish】完成安装，如图 4-32、图 4-33 所示。

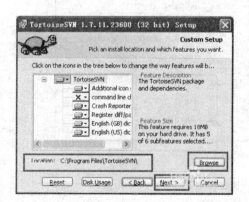

图 4-31　安装 TortoiseSVN(3)

图 4-32　安装 TortoiseSVN(4)

桌面空白处点击右键，会显示 SVN Checkout⋯ 和 TortoiseSVN 两项，如图 4-34 所示。

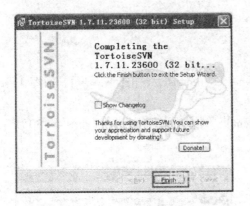

图 4-33　安装 TortoiseSVN(5)

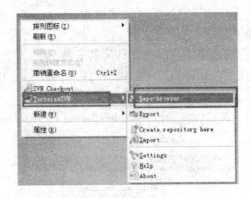

图 4-34　安装 TortoiseSVN(6)

出现【SVN Checkout⋯】和【TortoiseSVN】，说明 TortoiseSVN 安装成功。

4.6.2.2　TortoiseSVN 的使用

1) TortoiseSVN Import

假如我们使用 Visual Studio 在文件夹 StartKit 中创建了一个项目，我们要把这个项目的源代码签入到 SVN Server 上的代码库中里，首先右键点击 StartKit 文件夹，这时候的右键菜单如图 4-35 所示。

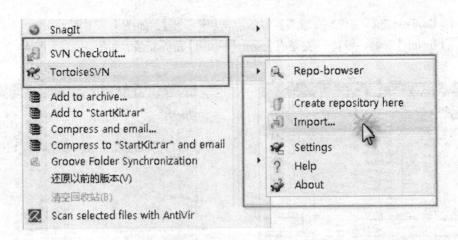

图 4-35　TortoiseSVN Import(1)

点击【Import⋯】，弹出图 4-36 所示的窗体，其中 http://zt.net.henu.edu.cn 是服务器名，svn 是代码仓库的根目录，StartKit 是我们在上个教程中添加的一个代码库。

说明：左下角的 CheckBox，在第一次签入源代码时没有用，但是，在以后提交代码的时候是非常有用的。

点击【OK】按钮，会弹出图 4-37 所示的窗体，要求输入凭据。

第 4 章 准备阶段

图 4-36　TortoiseSVN Import(2)

图 4-37　TortoiseSVN Import(3)

在上面的窗体中输入用户名和密码,点击【OK】按钮,如图 4-38 所示。

如图 4-38 所示,源代码已经成功签入 SVN 服务器了。这时候团队成员就可以迁出 SVN 服务器上的源代码到自己的机器了。

2)TortoiseSVN Checkout

在本机创建文件夹 StartKit,右键点击 Checkout,弹出如图 4-39 所示的窗体。

图 4-38　TortoiseSVN Import(4)

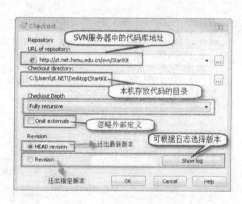

图 4-39　TortoiseSVN Checkout(1)

在上图中 URL of Repository:下的文本框中输入 svn server 中的代码库的地址,其他默认,点击【OK】按钮,就开始迁出源代码了。

说明:上图中的 Checkout Depth,有 4 个选项,分别是迁出全部、只迁出下一级子目录和文件、只迁出文件、只迁出空项目,默认的是第一项。上面的例子中,我们也可以使用 web 的方式访问代码库,在浏览器中输入"http://zt.net.henu.edu.cn/svn/StartKit/"。

这时候也会弹出对话框,要求输入用户名和密码,通过验证后即可浏览代码库中的内容。

源代码已经成功迁出到刚才新建的 StartKit 目录中。

打开 StartKit 目录,可以看到如图 4-40 所示的文件夹结构。

一旦你对文件或文件夹做了任何修改,那么文件或文件夹的显示图片会发生变化。图 4 -41 所示中我们修改了其中的两个文件。

图 4-40　TortoiseSVN Checkout(2)

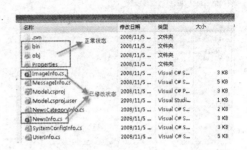

图 4-41　TortoiseSVN Checkout(3)

3) TortoiseSVN Commit

如果我们修改了位于 Model 文件中的两个文件 ImageInfo.cs 和 NewsInfo.cs,当点击 SVN Commit…时会弹出图 4-42 所示的窗体。

点击【OK】按钮后,弹出图 4-43 的窗体。

图 4-42　TortoiseSVN Commit(1)

图 4-43　TortoiseSVN Commit(2)

4) TortoiseSVN Add

我们在 Model 文件下添加一个新的类文件 UserInfo.cs,在文件 UserInfo.cs 上点击右键,然后点击 TortoiseSVN->Add,弹出图 4-44 所示的窗体。

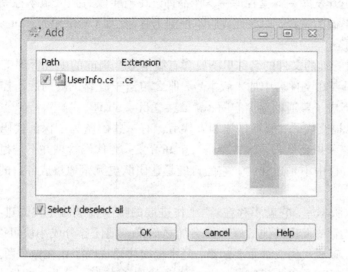

图 4-44 TortoiseSVN Add

选中 UserInfo.cs 文件，点击【OK】按钮，这样并没有将这个文件提交到 SVN 服务器，只是将这个文件标记为源代码库中的文件，并将其状态置为修改状态。之后，我们要再 SVN Commit 这个文件一次，才可以将其真正提交到 SVN 服务器上的代码库中。

上面讲的是添加文件，实际上，添加文件夹的步骤也是一样的，在此不再赘述。

5）SVN Update

更新本机代码与 SVN 服务器上最新的版本一致，在需要更新的文件夹上点击右键或在该文件下的空白处点击右键，然后点击 SVN Update 就可以了。

注意：更新操作可能会因为版本冲突而失败，这时可以使用合并【Merge】或其他方法解决；也可能因为锁定【Get Lock】而失败，这时需要先解锁【Release Lock】。

6）TortiseSVN Rename

如果需要对文件或文件夹重命名，只要在需要重命名的文件或文件夹上点击右键，然后点击 TortiseSVN -> Rename…，在弹出的窗体中输入新名称，点击【OK】按钮就可以了。此方法也不是直接重命名，而是将该文件或文件夹的名称标记为重命名后名称，也需要我们使用 SVN Commit 提交到 SVN 服务器后才真正重命名。

7）TortoiseSVN Delete

如果需要删除文件或文件夹，可以直接删除文件或文件夹，然后使用 SVN Commit 提交更新到 SVN 服务器。另外一种方法是在要删除的文件或文件夹上点击右键 -> TortoiseSVN -> Delete 删除，此方法也不是直接删除，而是将该文件或文件夹的状态置为删除，也需要我们使用 SVN Commit 提交到 SVN 服务器后才真正删除。

4.6.3 源代码管理的建议

（1）使用好的配置管理工具，也称为版本控制工具（Version Control），比如 Git，SVN。请彻底抛弃 VSS，如果是新采用的配置管理工具，CVS 已经不再是选项。

（2）抛弃古老的配置管理三库做法。常说的三库是指开发库（动态库）、受控库和产品库

（静态库）；做法是开发库－>受控库－>产品库。在当年没有强大版本控制工具的"古代"，三库做法是不得不做的选择，而在现代版本控制工具（比如 CVS、SVN、Git 等）的支持下，三库做法变得落伍了。

（3）纳入配置管理的文件的名称里不要含有版本号。当前的配置管理工具都有强大的版本控制功能，而只要在文件名中加入版本号，那么相当于放弃工具的版本控制功能，而只是把配置管理工具当成了普通的存储空间，就像共享目录、FTP 一样。

（4）必须自己提交代码，而不是让别人代劳。有一些团队为了保证代码库的干净，让一个人专门负责审核和提交代码。这并不是一个好习惯。源代码管理并不是为了保持代码的纯净，起码在开发过程中不是这样的。它的目的是让团队更频繁地集成各自的工作，当有问题的时候可以回退。

（5）没有进入版本库，它就不存在。"工作进展的唯一标准就是代码进了版本库。"如果坚持执行这一条的话，发现其他的好习惯会随之而来。把任务分成小块可以经常提交代码，更加频繁地更新、集成代码。最重要的是，经常提交代码说明了正在做东西。

（6）识别代码配置项和非配置项。非配置项的例子有 bin、debug 文件夹等，利用 ignore 功能把非配置项忽略掉。代码配置项要完整，在别处能编译得到相同结果，但是又不干扰别处的工作环境。

（7）每个团队应当对代码配置项和非配置项有所说明，不要假设每个团队新人都是代码配置管理达人，小心自以为是的新手加入一些自以为是的垃圾。虽然可以删除，但发现再删除，其本身就是成本。

（8）依赖项也需要添加到版本库，或者维护好相应的库，其中最重要的是构件库。同时也包括图片、编译脚本、数据库脚本、自动化测试等。

（9）整体环境在云计算条件下也是可以成为配置项的。环境中最突出的元素是基础数据。当需要多种不同的环境（比如干净环境、仿真环境、某个时间点环境）进行调试、测试的时候，得到配置管理的环境在 1 分钟之内部署出来，那是多么高效的事情。测试人员爱死这个了！

（10）避免表面 CMMI 做法。只管理维护一个受控库，用于展现给评估组和应付各类检查，而实质上，项目团队使用另外的库开展日常工作，只在应付检查时才把强制要求的交付物复制到受控库。这种做法满足 CMMI 评估，但实质上没有发挥配置管理的更多好处。古老的三库方案恰恰就是这样子的。

（11）了解最普通的多分支开发。多分支开发是最经典最常用的模式，无论是否采用，应当知道多分支是如何使用的：如何拉分支？什么情况下拉分支？如何合并到主干？如何再从主干更新到分支？如何合并到其他分支？什么情况下合并分支后不再维护分支？合并冲突如何解决？

（12）守护主干＋先锋分支。在主干上修复缺陷以及应急响应，而把新功能放到分支上开发，在分支上测试通过后合并到守护主干，再发新版。这种做法适用于承担大量运维修改的情景。多数软件产品属于这种情景。

（13）主干开发。主干开发有两种情况，情况一：还没有掌握分支开发，只会主干开发；情况二：充分掌握了分支开发之后，主动选择主干开发。显然的建议是指情况二。主干开发风险高，效率也高，值得码匠们好好研究，实现高质量并且高效的主干开发并不困难，收益是绝对划算的。

（14）单分支开发。单分支开发其实与主干开发没有本质差别，需要采取主干开发的所有方法。日常工作在分支上进行，主干用于应急响应，两者需要频繁的双向同步。这样的模式是兼有守护主干和主干开发的好处，但复杂度提升了。

（15）所有的配置项一起得到基线管理。其主要包括源代码、文档和测试代码，如果不在同一个库中，那么需要用专门的基线文件来说明同一基线的对应关系。这不能算建议了，这是配置管理的基本要求，但往往被违反。

第 5 章　项目启动阶段

5.1　项目案例介绍

5.1.1　项目背景

近年来，随着 Internet 的迅速崛起，互联网已日益成为收集、提供信息的最佳最快渠道，并快速进入传统的流通领域。互联网的跨地域性、可交互性、全天候性使其在与传统媒体行业和传统贸易行业的竞争中具有不可抗拒的优势，因而发展十分迅速。电子商务在中国逐步兴起的大环境下，越来越多的人们开始选择在网上购物，这其中包括所有日常生活用品及食品、服装等。通过在网上订购商品，可以由商家直接将商品运送给收货人，节省了亲自去商店挑选商品的时间，具备了省时、省事、省心等特点，让顾客足不出户就可以购买到自己满意的商品。

5.1.2　项目目标

通过对网上商城的建设，利用互联网开拓信息的渠道，帮助企业及时调整产品结构，协助经销商打开货源的信息门户；通过现代电子商务理念帮助企业转换经营机制，建立现代企业制度，提高企业的管理水平和市场竞争力。其主要表现如下：

(1) 为客户提供自由选购所需产品的服务功能；
(2) 及时补充和增加最新质量和功能的产品上架；
(3) 为顾客及时提供产品和服务的信息交流；
(4) 拓展市场宣传、提升品牌形象；
(5) 广告、招商、市场活动推广。

5.2　项目范围

本项目案例功能范围包括以下几个方面。

1) 首页

在首页上部提供功能：展示企业 Log；显示注册、登录、首页、购物车、会员中心、收藏产品、客服中心、留言板链接；显示客服热线号码；滚动式显示新闻；提供站内搜索功能。

在首页中部提供功能：提供按产品类别导航功能；显示促销及新品广告；显示新品、热销品、特价促销品；显示在线服务时间和方式；提供帮助系统链接；可以查看问题及解答分享。

在首页下部提供功能：显示企业名称、地址；显示版权说明；提供有关公司简介、联系与合作、伙伴、招募专区、货到付款说明及帮助的链接。

2）会员注册

提供功能：提供会员注册功能；显示用户协议。

3）会员登录

提供功能：为会员提供登录功能；需要验证码；可以记住上次登录会员。

4）会员中心

提供功能：显示会员个人信息；管理会员订单；管理会员收藏的产品；设置收货信息。

5）单款产品展示

提供功能：显示产品图片及放大图片；提供按类别搜索导航；提供颜色和尺码选择；提供加入收藏夹功能；加入购物车；显示产品详细信息。

6）购物车

提供功能：显示选购产品列表，并可以维护；显示购物进度；可以生成订单。

7）客户中心

提供功能：为会员提示在线帮助和联系信息，由企业客服人员管理，包括不限于新手上路、常见问题、货到付款、物流配送、售后服务、公司简介、联系方式、合作、会员服务、新手指南、注册、个人信息。

8）新闻中心

提供功能：分页显示新闻列表；可点击查看新闻详细内容。

9）广告

提供功能：可以添加、管理广告；广告可链接到第三方网站。

10）网站后台管理

提供功能：管理网站后台权限；管理会员、新闻、产品、订单、留言板、帮助系统和广告。

5.3 项目总体计划

软件项目计划是一个软件项目进入系统实施的启动阶段，主要进行的工作包括：确定详细的项目实施范围、定义递交的工作成果、评估实施过程中主要的风险，制订项目实施的时间计划、成本和预算计划、人力资源计划等。

5.3.1 提交清单

在项目实战过程中，需要提交文档如下：
- 每周提交项目周报，会议纪要；
- 项目启动阶段，提交项目总体计划；
- 系统分析与设计阶段，提交需求规格说明书、系统原型、系统概要设计；
- 系统编码阶段，提交系统源代码；
- 测试阶段，提交测试报告；
- 收尾阶段，提交安装包、安装文档、项目总结。

5.3.2 人力资源计划

为了保障项目的顺利实施，应对项目团队的成员进行分工，分工时可按表 5-1 所示标准进行。

表 5-1 人力资源计划

角 色	职 责	人 员	工作说明
项目经理	项目经理负责分配资源，确定优先级，协调项目干系人，识别项目风险，控制项目质量和进度。总而言之，就是尽量使项目团队一直集中于正确的目标。项目经理还要建立一套工作方法，以确保项目工件的完整性和质量		
需求分析师	需求分析师负责分析业务，通过需求调研和分析，概括和界定需求，以业务和需求作为建模对象，开展系统建模工作		
系统设计师	系统设计师根据需求分析结果，进行原型设计并不断完善、调整，直到用户确认通过。系统设计师同时要负责系统框架设计、类设计、数据模型设计、UI 设计，完成系统总体概要设计和详细设计，将设计编写成相关技术文档，指导和检查软件工程师的编码工作		
开发工程师	开发工程师负责完成设计师的设计意图，根据设计文档编写代码；根据设计文档编写单元测试代码，根据测试报告 BUG 记录修订 BUG，完成各子系统或模块的开发		
测试工程师	测试工程师负责执行测试，其中包括制订测试计划和执行测试，评估测试执行过程并修改错误，以及评估测试结果并记录所发现的缺陷		
实施工程师	负责软件产品安装调试和部署，完成项目相关系统工程工作，负责客户技术支持，负责编写系统部署方案和使用手册、维护手册，负责系统实施计划和规划，同时在和客户的沟通或提供服务过程中，发现客户升级需求和新项目线索		
配置管理员	制订配置管理计划；规范配置管理环境；建立配置库；与项目经理确定变更控制的实施；对团队成员进行配置培训；生成和发布计划基线		
⋮	⋮		

5.3.3 项目风险计划

项目风险计划主要用于识别项目中的各项风险，预测发生的概率和一旦发生将会产生的影响，针对每项可能发生的风险制订预防措施，消除风险或降低风险发生时对项目费用、进度和质量产生的影响。项目风险计划如表 5-2 所示。

表 5-2 项目风险计划

风险类型	检查项	检查结果	发生概率	发生时产生的影响	预防措施
商业风险					
客户	客户的需求是否含糊不清？				
	客户是否反反复复地改动需求？				
	客户指定的需求和交付期限在客观上可行吗？				
管理风险					
风险类型	检查项	检查结果	发生概率	发生时产生的影响	预防措施
项目计划	人力资源（开发人员、管理人员）够用吗？合格吗？				
	项目所需的软件、硬件能按时到位吗？				
	进度安排是否过于紧张？有合理的缓冲时间吗？				
	任务分配是否合理？（即把任务分配给合适的项目成员，充分发挥其才能）				
项目团队	项目成员团结吗？是否存在矛盾？				
	是否绝大部分的项目成员对工作认真负责？				
	绝大部分的项目成员有工作热情吗？				
	项目经理是否忙于其他工作而无暇顾及项目的开发工作？				
其他	测试人员是否到位？				

续表 5-2

风险类型	检查项	技术风险			预防措施
		检查结果	发生概率	发生时产生的影响	
需求开发需求管理	需求开发人员懂得项目所涉及的具体业务吗？能否理解用户的需求？				
	需求文档能够正确地、完备地表达用户需求吗？				
	需求开发人员能否与客户对有争议的需求达成共识？				
	需求开发人员能否获得客户对需求文档的承诺？以保证客户不随便变更需求？				
综合技术开发能力包括设计、编程、测试等	开发人员是否有开发相似产品的经验？				
	需求开发人员能否获得客户对需求文档的承诺，以保证客户不随便变更需求？				
	开发小组采用统一的编程规范吗？				
	开发小组是否采用比较有效的分析、设计、编程、测试工具？				
	开发人员懂得版本控制、变更控制吗？能够按照配置管理规范执行吗？				
	项目有独立的测试人员吗？懂得如何进行高效率地测试吗？				
	是否存在成熟的技术架构？				
	有无与第三方的编程接口？				

5.3.4 任务与进度

项目计划中，有关任务和进度的编制，推荐使用 MS Project 进行编写。有关项目任务可按表 5-3 所示进行细化、分解。

表 5–3 任务细化、分解

任务名称	起止时间	人员	工作量	提交物
项目启动				
确定项目目标				
确定项目范围				
编写项目总体计划				
系统分析与设计				
需求分析与调研				
原型设计				
系统框架设计				
功能用例设计				
数据库设计				
概要设计				
详细设计				
系统编码				
模块1、模块2、…				
系统测试				
项目收尾				

5.3.5 成本估算

项目团队由项目经理领导、管理，分成技术组、测试组和实施组，各组按能力层次分成资深、高级、中级和助理级。每月按 22 个工作日计算。项目团队成本估算如表 5–4 所示。

表 5–4 成本估算

项目团队		工作量（人日）	人月费用	成本（万元）	备注
项目经理					
技术组	资深开发工程师				
	高级开发工程师				
	开发工程师				
	助理开发工程师				
	⋮				

续表 5-4

项目团队		工作量（人日）	人月费用	成本（万元）	备注
项目经理					
测试组	资深测试工程师				
	高级测试工程师				
	测试工程师				
	助理测试工程师				
	⋮				
实施组	资深实施工程师				
	高级实施工程师				
	实施工程师				
	助理实施工程师				
	⋮				
配置管理员					
⋮					

第6章 系统分析与设计阶段

6.1 需求调研

6.1.1 何为需求调研

需求调研对于一个应用软件程序的开发来说,是一个系统开发的初始阶段。它的输出产物"软件需求分析报告"是设计阶段的输入。需求调研质量的好与坏对于一个应用软件来说,是极其重要的方面,它的质量在一定程度上来说决定了一个软件交付的结果。怎样从客户中听取用户需求、分析用户需求就成为调研人员最重要的任务。需求调研在系统开发和部署试用阶段尤为重要,如何把项目组工作成果成功推广使用,得到用户的肯定认可是后期需求调研的重中之重。开发软件系统最困难的部分就是准确说明开发什么。一旦出错会给系统带来极大伤害,并且以后对它修改也极为困难。

6.1.2 确定需求工具

选取需求调研过程中的一些辅助工具,选取要求是自己(本项目组)熟悉的工具,工具最好也要求是普通流行的,因为要考虑交流的问题,如:WORD、EXCEL、PPT、POWERDESIGNER、STARTUML、EA 等。

6.1.3 调研内容

需求分析报告的读者有客户、设计人员、开发人员,在编写时一定要考虑到文档的可读性。需求调研形成的成果具体如下:
(1)根据业务画出业务流程图,并认真检查和核对每条路径中是否完备,异常情况怎样处理(系统的动态特性);
(2)依据流程图收集每个步骤需要的使用和操作的数据,确定数据的类型和范围(系统的静态特性);
(3)画出业务实体及其关系,并估计业务实体的产生频率和数据量;
(4)评估业务流程和实体中需求变化的可能性;
(5)用户权限;
(6)收集用户对系统界面风格、版式、颜色的偏好和需求;
(7)对系统将来使用的硬件、操作系统、网络情况进行了解;
(8)收集系统初始化数据,或者要求客户进行收集和整理,明确期限时间;

(9)编制简单界面原型(该步骤也可放在需求分析之后完成,再次和用户进行沟通)。

6.1.4 定律 5W + 1H

5W:WHY、WHAT、WHO、WHEN、WHERE

1H:How to accomplish(实现) the system?

WHY 定律:WHY 就是为什么要开发这个网上购物商城系统?采用这个网上购物商城有什么优势能吸引用户?WHY 定律是要求在需求开始时,项目经理就应该明确的,这个项目是为了提高…,减少成本…等;有了这么一个 WHY 引入思想,项目经理就可以理清用户最终要的是什么样的系统,在系统的定位和建立上,就有一个明确的目标。

WHAT 定律:WHAT 则是这个系统要做什么?实现什么?提出各业务流程问题、流程局限性问题、系统要解决的问题等,在这个 WHAT 的基础上,把系统划分成各功能模块,逐步弄清模块流程需求、功能需求、结构需求。引入 WHAT 定律可以让我们了解到系统的初步需求。

WHO、WHEN、WHERE 定律:这个阶段是需求细化阶段,在 WHAT 定律的基础上,细分系统的用户需求:分析什么人,在什么时间,什么阶段可以或必须操作这个功能,结合前面的 WHAT 定律,理清系统的流程阶段划分,记录并分析系统功能实现的细节,在这个阶段就可以产生系统需求的用例图(Use Case),作为下阶段设计的依据。

HOW 定律:就是怎样实现系统了,在前面的 WHY、WHAT、WHO、WHEN、WHERE 基础上,已经搭建了一个非常好的系统需求基础框架,如何在这些用户需求的基础上,分析系统的需求,如何进行需求规格的分析与下阶段的设计、实现工作,就是 How to accomplish(实现) the system?

引入这 5W + 1H 的定律,在一定程度上保证了系统需求的准确性,使得项目经理或需求分析人员可以有序、有条理地开展需求挖掘和调研活动,这样的安排用户在配合上也非常清晰,知道如何与项目人员配合。

6.1.5 系统开发背景

随着网络对人们生活和工作的影响日益增加,人们对网络的依赖也是越来越强烈,不论是企业还是个人,都可以通过网络渠道来进行商品信息交流和买卖流通。网上商城应运而生,慢慢走进了人们的视线当中,越来越多的商家在网上建起在线商城,向消费者提供了一种新型的购物方式。网上商城的出现,使消费者网上购物的过程变得简单、方便、快捷。网上商城是一种具有交互功能的商业信息系统,它在网络上建立一个虚拟的购物商城,使购物变得轻松、快捷,因此网上商城近年来发展迅速,网上商城对人们生活的影响也会越来越大。不可否认,网上商城将是企业发展和个人生活所不可缺少的重要组成部分,而在网上商城购物会成为被普通大众所能接受的主要消费方式。

6.1.6 系统开发意义

从系统的开发背景来看,开发一个网上商城系统会有以下几点优势:

(1)投资少,回收快。一项针对中国中小企业的情况调查显示,个人在网下启动销售公司需要大量的资金,而网上商城的成本非常小。在网上筹办一家商店投入很小,不用去租店面，不用囤积货品，所需资金不会很多。网上商城比同等规模的地面商店"租金"要低得多，同时租金不会因为"营业面积"的增加而增加，商家也不用为延长营业时间而增加额外的费用。

（2）基本不需要占压资金。传统商店的进货资金少则几千元，多则数万元，而网上商城则不需要积压太多的资金。

（3）24 小时营业。网上商城延长了传统商店的营业时间，一天 24 小时、一年 365 天不停业经营，无须很多专业人员值班。传统店铺的营业时间一般为 8～12 小时，遇上一些客观因素就不得不暂停营业。

（4）不受店面空间的限制。哪怕只是街边小店，在网上却可以拥有百货大楼那么大的店面，只要投资者愿意，可以摆上成千上万种商品。

（5）不受地理位置影响。不管客户离网上商城有多远，也不管顾客是国内还是国外，只要客户可以上网，在网上商城就可以很方便地找到并购买商品。

6.1.7　国内外现状

在美国、欧洲等信息化程度较高的国家，网上商城发展迅速，世界一流零售商，如沃尔玛、梅西百货、家得宝和萨克斯等纷纷跻身于网络销售行列。而在美国的家庭中，人们已经越来越习惯网上购物。网上购物已经成为美国、英国、日本等国家的一种消费习惯。

在我国，网上购物从无到有也不过十几年时间。而在最近几年时间，网上购物更加火热起来，网上购物将成为一种购物时尚。目前国内比较大型的网上购物商城如淘宝、京东、卓越等，发展都是非常迅速，而随着国内计算机信息技术发展，网上购物会更加快速地发展起来，为消费者和商家提供更加广阔的销售平台。因此，开发一个网上商城系统非常符合当今社会的发展形势。

6.1.8　可行性调研

技术可行性：硬件、软件要求不高，目前市场上的一般计算机软硬件都能满足系统开发要求。运用的开发工具主要有 VS2010，基于三层架构实现，数据库采用 Sql Server 2008。

经济可行性：网上商城系统的维护由程序人员即可完成，商家来进行对网上商城的订单、用户的信息管理，不必使用大量的销售人员与客户面对面的交流，节约了人员开支。而在销售业绩上，网上商城并不比实体商店的销售业绩差，因此在经济上是可行的。

可行性分析结论：经过以上对该项目进行各方面问题的分析，开发人员认为该项目的实现可以满足用户对商品的需要，方便用户与商家的交流，减少商家实体店铺的开支，减少实体店铺对土地的浪费等，且在技术和经济等方面均可行，确定本系统可以立项开发。

6.2　需求分析

所谓"需求分析"，是指对要解决的问题进行详细的分析，弄清楚问题的要求，包括需要输入什么数据，要得到什么结果，最后应输出什么。可以说，在软件工程当中的"需求分析"就是确定要计算机"做什么"，要达到什么样的效果。可以说需求分析是做系统之前必做的。

在软件工程中，需求分析指的是在建立一个新的或改变一个现存的电脑系统时描写新系统的目的、范围、定义和功能时所要做的所有的工作。需求分析是软件工程中的一个关键过程。在这个过程中，系统分析员和软件工程师确定顾客的需要。只有在确定了这些需要后，他们才能够分析和寻求新系统的解决方法。需求分析阶段的任务是确定软件系统功能。

在软件工程的历史中，很长时间里人们一直认为需求分析是整个软件工程中最简单的一个步骤。但在近十年内，越来越多的人认识到，需求分析是整个过程中最关键的一个部分。假如在需求分析时分析者们未能正确地认识到顾客的需要的话，那么最后的软件实际上不可能达到顾客的需要，或者软件项目无法在规定的时间里完工。

6.2.1 业务模型

业务模型用于分析项目需求的背景，从总体业务流程、组织架构、核心类三个方面对业务进行描述，是正确、更深层次地理解需求、分析需求的关键。

由于业务分析的目的在于更好地理解需求，所以分析内容远超某一项目的需求，具体待实现的目标仍以确定的需求为准。

业务模型建立时，处于项目前期，此时商务合同一般尚未签订，因此在项目未确定最终供应商或不明朗时，不宜开展进一步工作，可暂停下阶段的设计工作，以控制项目投入。

6.2.1.1 初步需求

客户会提供或提出网站的基本需求，这些需求可能不够系统，甚至存在自相矛盾的地方。所以，对这些原始、初步的需求要进行分析，分析内在逻辑性和关键，分析出需求实质，而不是简单从客户口中得到的内容。要根据用户提供的初步需求，结合系统分析师自身经验，分析出本系统的核心功能，定义本项目大概范围，作为业务分析与详细需求分析的基础。初步需求的分析方法，采用头脑风暴法，基于原始需求发散思维，寻找潜藏的需求，准确定义项目范围。

第6章 系统分析与设计阶段

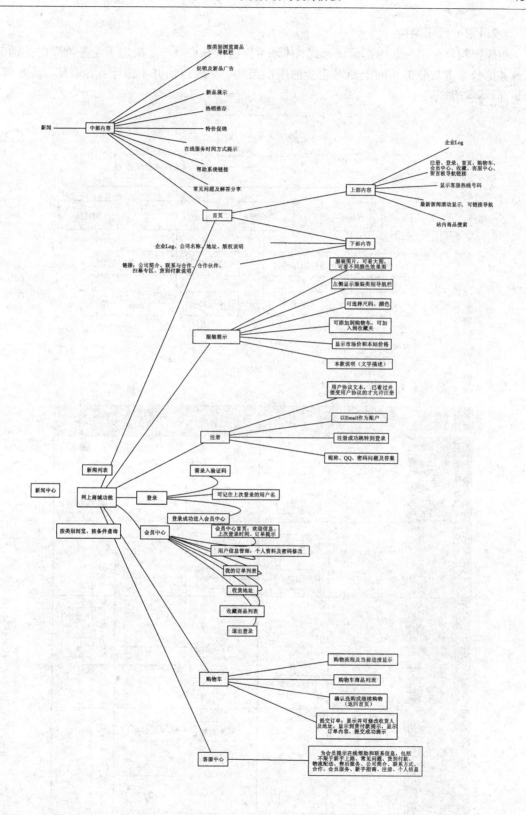

6.2.1.2 组织架构

组织架构反映出企业内部运作方式，体现价值链的核心环节，决定了业务流程的关键节点和各部分职责与分工。网上商城企业的组织架构，一般包括并不限于：客服部、技术部、市场部、物流部……

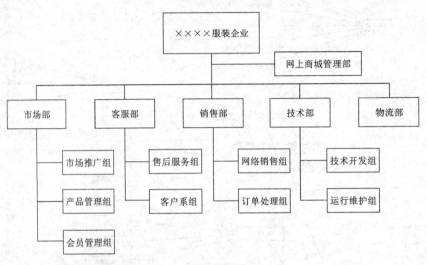

6.2.1.3 总体业务流程

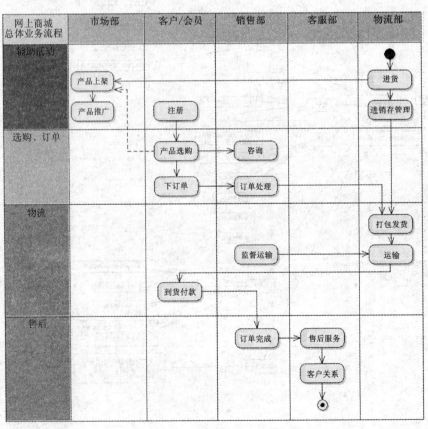

6.2.2 需求模型

需求模型定义本网站所要提供所有功能的清单及明细说明，是必不可少的环节，需求决定了项目的目标，也是验收的重要依据。需求模型建立时，先基于原始需求开展详细需求调研工作，边调研边进行需求分析，以便及时发现问题并解决，过程中做好记录。将需求调研和分析的每个阶段的结果以需求模型方式呈现，直观而具体。

在制订每个需求项时，可进行编号，采用无实际意义的流水号即可，主要方便项目中后期的需求变更管理。在定义需求项之前，先依据初步需求将需求项按功能分模块，根据项目的规模大小进行分层设计，以结构化的方式呈现需求框架，保障需求模型系统性的同时，获得不错的可读性。

6.2.2.1 总体需求

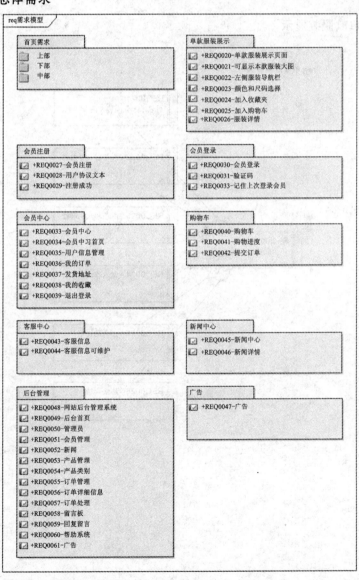

6.2.2.2 首页

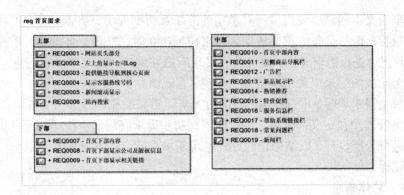

6.2.2.3 单款服装展示

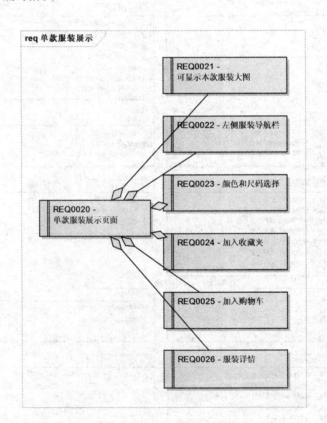

6.2.2.4 会员注册

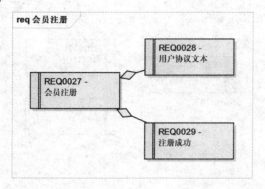

6.2.2.5 会员登录

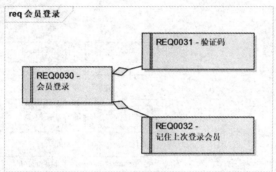

6.2.2.6 会员中心

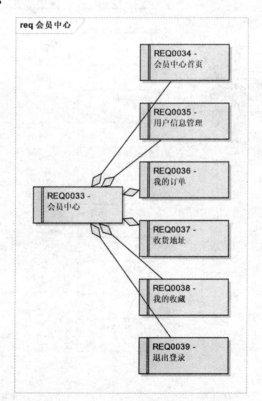

6.2.2.7 购物车

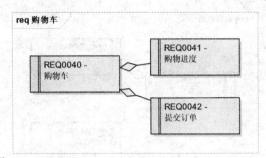

6.2.2.8 后台管理

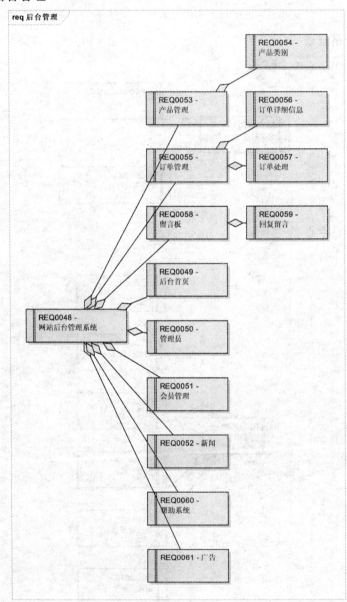

6.2.2.9 客服中心

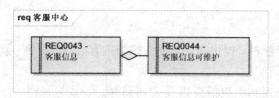

6.2.2.10 新闻中心

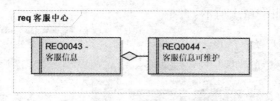

6.2.2.11 广告

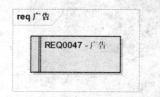

6.3 原型设计

6.3.1 原型设计概述

原型设计是概念设计或整个设计流程初期的一个过程。系统分析人员根据需求确定纸原型、低保真原型、高保真原型等不同质量的内容作为输出。

一般将原型划分为三类：

（1）纸原型：顾名思义，就是画在文档纸、白板上的设计原型、示意图，便于修改和绘制，不便于保存和展示。因此要想有效的利用纸原型，我们就需要注意纸原型的承载。

（2）低保真原型：通常是基于现有的界面或系统，通过电脑进行一定加工后的设计稿，示意更加明确，能够包含设计的交互和反馈，美观、效果等欠佳。可以理解为介于纸原型和高保真原型之间输出的统称，往往也可以作为需求设计稿输出。

（3）高保真原型：属于原型设计的终极武器，包括产品演示 Demo 或概念设计展示，视觉上与实际产品等效，体验上也与真实产品接近。而为了达到完整的效果，很大程度上就要求交互设计师有视觉审美的能力。只有从视觉、体验两方面同时打动客户，才能最终赢得客户的信赖。

6.3.2 原型设计图

6.3.2.1 首页
首页按照页头区域、内容区域和底部区域三个部分来体现，各部分内容如下：
1）页头区域

在左上角显示公司Logo，提供链接导航到核心页面、显示客服热线号码、新闻滚动显示和站内搜索。

2）内容区域

在左侧显示商品导航栏，提供新品展示、热销推荐、特价促销、新闻等信息。

3）底部区域

在首页下部显示公司和版权信息以及公司简介、联系与合作、合作伙伴、招募专区、货到付款说明及帮助的链接。

首页原型设计图如图6-1所示。

图6-1 首页原型设计图

6.3.2.2 单款服装展示

其原型设计用于显示某款服装的详细信息，显示服装的市场价格、本站价格、类别、颜色和尺码等信息，原型设计图如图6-2所示。

图6-2　单款服装展示原型设计图

6.3.2.3　会员注册

其原型设计提供会员注册，注册时应填写的信息包括：登录名、密码、确认密码、昵称、QQ、安全问题及问题答案，原型设计图如图6-3所示。

图6-3　会员注册原型设计图

6.3.2.4 会员登录

其原型设计提供会员登录，会员在此页面输入会员及密码，完成身份验证，验证成功，进入会员中心页面，原型设计图如图6-4所示。

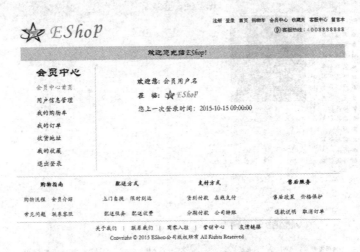

图6-4 会员登录原型设计图

6.3.2.5 会员中心

会员中心显示与登录会员有关的信息，在首页显示欢迎信息、上次登录的时间以及和订单处理流程有关的提醒信息，原型设计图如图6-5所示。

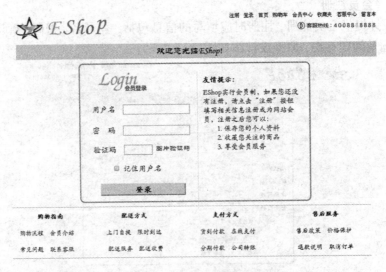

图6-5 会员中心原型设计图

6.3.2.6 购物车

其原型设计提供显示购物车内的所有商品及其详细信息，包括商品图片、商品名称、商品颜色、尺寸、类别、价格、重量、数量、总价，提供刷新和删除功能，可以继续返回首页进行选购。其原型设计图如图6-6所示。

第 6 章　系统分析与设计阶段

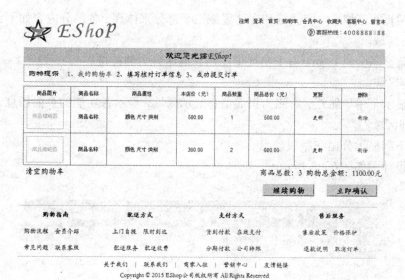

图 6-6　购物车原型设计图

6.3.2.7　后台管理系统

后台管理系统用于管理网站所需要展示的所有信息。

1）登录页

其提供管理员登录。在此页面输入用户名及密码，完成身份验证，验证成功后进入后台管理系统首页。其原型设计图如图 6-7 所示。

图 6-7　后台登录页原型设计图

2)首页

首页按照页头区域、内容区域和底部区域三个部分来体现,各部分内容如下:

(1)页头区域。

在左上角显示公司 Logo,右下角提供注销和返回首页的链接。

(2)内容区域。

在左侧显示菜单导航栏,右侧为页面信息显示区域,显示各功能的页面信息。

(3)底部区域。

在首页下部显示公司和版权信息。

其原型设计图如图 6-8 所示。

图 6-8 后台首页原型设计图

3)商品类别管理

其提供对商品的类别进行管理,原型设计图如图 6-9 所示。

图 6-9 后台商品类别管理原型设计图(1)

还提供对商品类别的添加和详细信息的修改,原型设计图如图 6-10 所示。

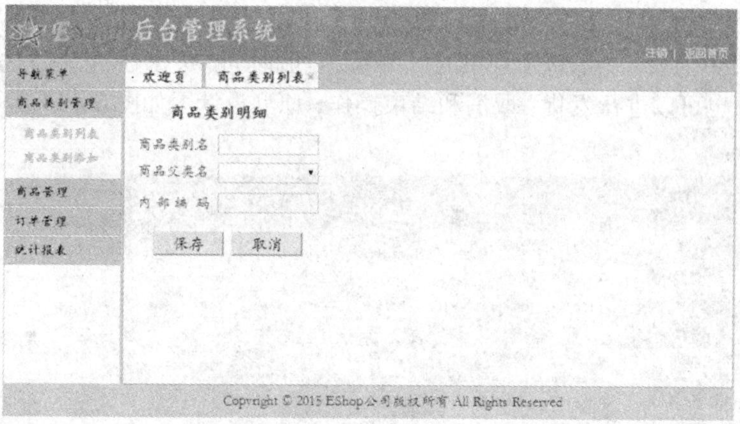

图 6-10 后台商品类别管理原型设计图(2)

4) 商品管理

其提供对商品信息进行管理，原型设计图如图 6-11 所示。

图 6-11 后台商品管理原型设计图(1)

还提供商品信息的添加和详细信息的修改，原型设计图如图 6-12 所示。

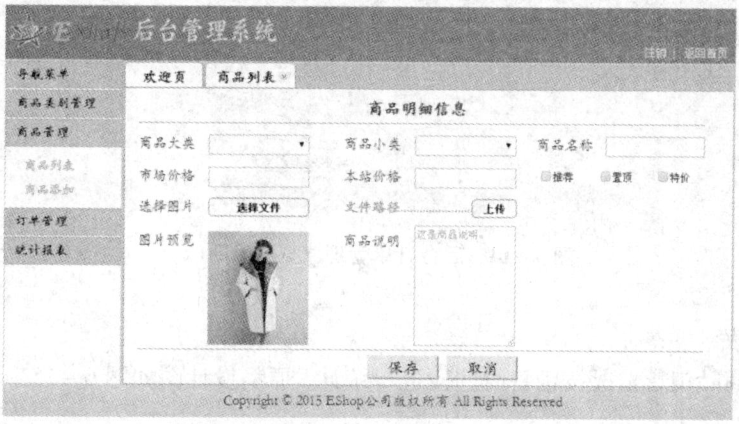

图 6-12 后台商品管理原型设计图(2)

5）订单管理

分页显示订单列表，显示每个订单的订单号、订购时间、买家姓名、买家留言等，可查看订单详细信息，也可以进行发货、取消和结束操作，原型设计图如图 6-13 所示。

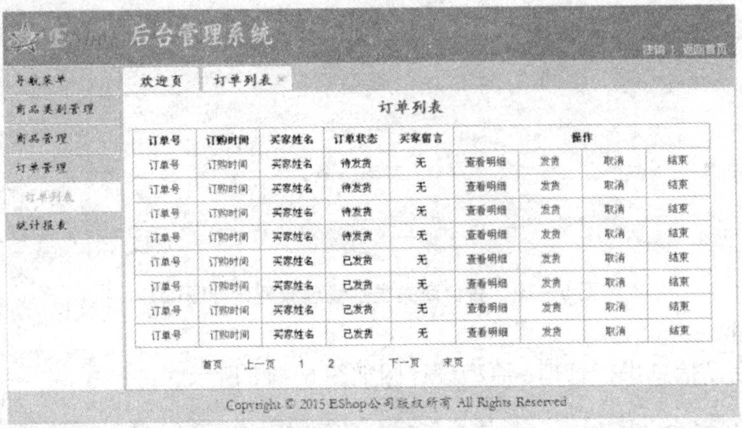

图 6-13　后台订单管理原型设计图(1)

还提供订单明细信息的展示，包括订单号、商品总价、商品总数、下单时间、收货人及联系方式、买家和卖家留言，显示本订单所有商品及商品图片、商品名称、价格、数量、总价和商品属性（尺寸、颜色）、商品类别，原型设计图如图 6-14 所示。

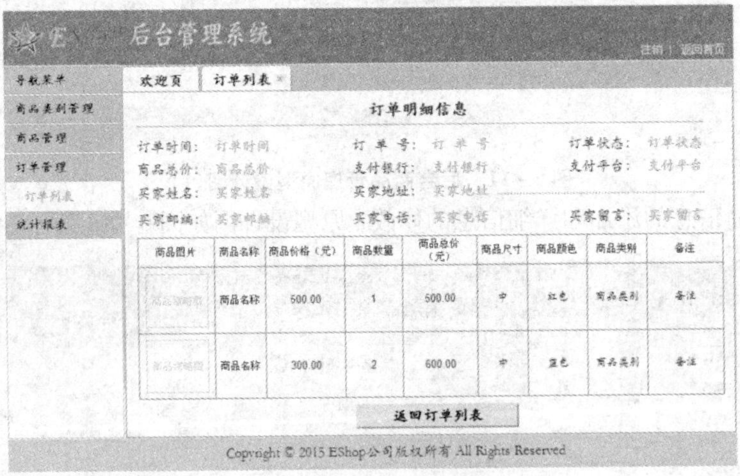

图 6-14　后台订单管理原型设计图(2)

6）统计报表

其提供对商品销售情况按销售时间段进行统计，原型设计图如图 6-15 所示。

第 6 章　系统分析与设计阶段

图 6-15　后台统计报表原型设计图

6.4　系统框架设计

　　系统采用三层架构 + 实体类设计模式。通常意义上的三层架构就是将整个业务应用划分为表示层(UI)、业务逻辑层(BLL)、数据访问层(DAL)。区分层次的目的是为了"高内聚，低耦合"的思想。

　　三层和实体类的依赖关系如图 6-16 所示。

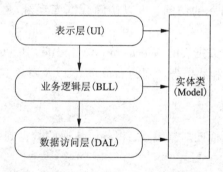

图 6-16　三层和实体类的依赖关系图

6.4.1　三层架构概念简介

6.4.1.1　表示层(UI)

　　表示层通俗讲就是展现给用户的界面，即用户在使用一个系统的时候他的所见所得。其位于最外层(最上层)，离用户最近，用于显示数据和接收用户输入的数据，为用户提供一种交互式操作的界面。

6.4.1.2　业务逻辑层(BLL)

　　业务逻辑层主要是针对具体的问题的操作，也可以理解成对数据访问层的操作，对数据业务逻辑处理，如果说数据访问层是积木，那业务逻辑层就是对这些积木的搭建。

业务逻辑层(Business Logic Layer)无疑是系统架构中体现核心价值的部分。它的关注点主要集中在业务规则的制订、业务流程的实现等与业务需求有关的系统设计，也即是说它是与系统所应对的领域(Domain)逻辑有关，很多时候，也将业务逻辑层称为领域层。例如 Martin Fowler 在《Patterns of Enterprise Application Architecture》一书中，将整个架构分为三个主要的层：表示层、领域层和数据源层。作为领域驱动设计的先驱 Eric Evans，对业务逻辑层作了更细致地划分，细分为应用层与领域层，通过分层进一步将领域逻辑与领域逻辑的解决方案分离。

业务逻辑层在体系架构中的位置很关键，它处于数据访问层与表示层中间，起到了数据交换中承上启下的作用。由于层是一种弱耦合结构，层与层之间的依赖是向下的，底层对于上层而言是"无知"的，改变上层的设计对于其调用的底层而言没有任何影响。如果在分层设计时，遵循了面向接口设计的思想，那么这种向下的依赖也应该是一种弱依赖关系。因而在不改变接口定义的前提下，理想的分层式架构，应该是一个支持可抽取、可替换的"抽屉"式架构。正因为如此，业务逻辑层的设计对于一个支持可扩展的架构尤为关键，因为它扮演了两个不同的角色。对于数据访问层而言，它是调用者；对于表示层而言，它却是被调用者。依赖与被依赖的关系都纠结在业务逻辑层上，如何实现依赖关系的解耦，则是除了实现业务逻辑之外留给设计师的任务。

6.4.1.3 数据访问层(DAL)

数据访问层对原始数据(数据库或者文本文件等存放数据的形式)的操作层，而不是指原始数据，也就是说，是对数据的操作，而不是数据库，具体为业务逻辑层或表示层提供数据服务。

其功能主要是负责数据库的访问，可以访问数据库系统、二进制文件、文本文档或是 XML 文档。

简单来说其就是实现对数据表的 Select，Insert，Update，Delete 的操作。如果要加入 ORM 的元素，那么就会包括对象和数据表之间的 mapping，以及对象实体的持久化。

6.4.2 实体类概念简介

在"三层架构"中，为了面向对象编程，将各层传递的数据封装成实体类，便于数据传递和提高可读性。

每个实体类对应数据库中的一张表，类中的每一个属性对应表中的一个字段，每个属性都有自己的 GET 和 SET 方法。

6.5 功能用例设计

用例的制订是基于详细需求分析，从不同角色出发定义的。用例的设计应遵循从总体到细节，切勿将所有用例放在同一处描述，以避免杂乱无章，降低设计的可读性。

6.5.1 总体用例和角色

6.5.1.1 总体用例

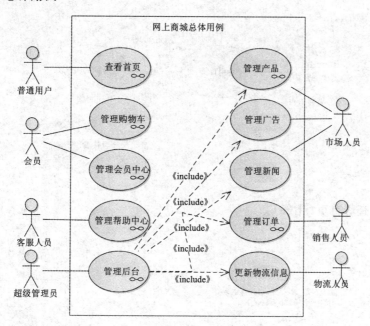

6.5.1.2 角色

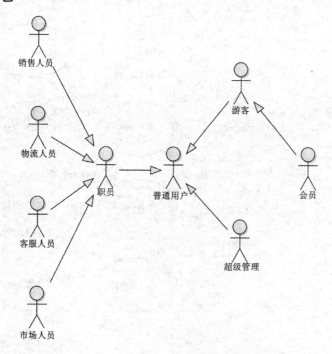

6.5.2 查看首页

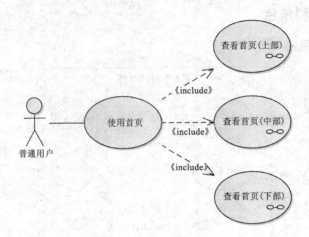

6.5.2.1 查看首页(上部)

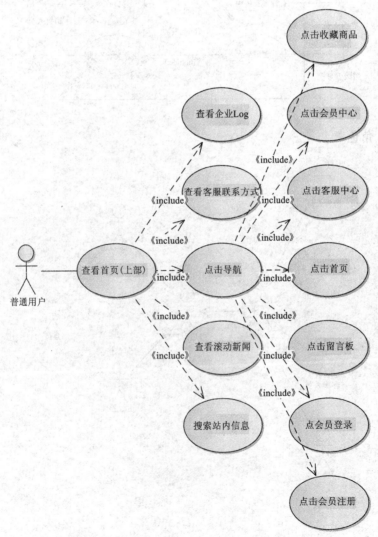

6.5.2.2 查看首页(中部)

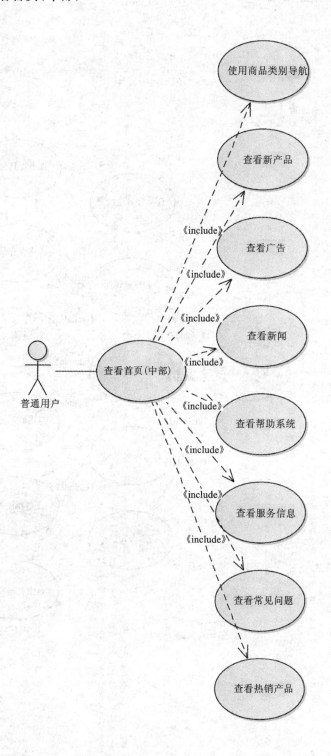

6.5.2.3 查看首页(下部)

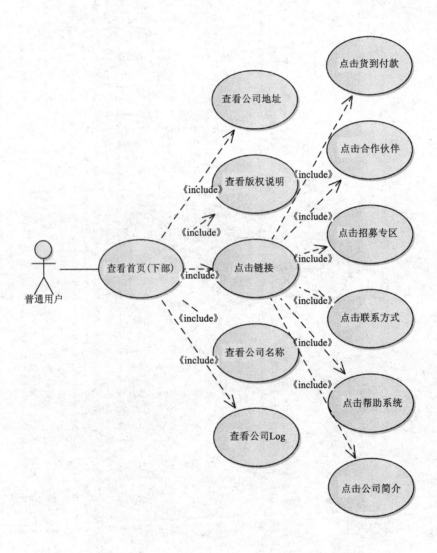

6.5.3 管理购物车

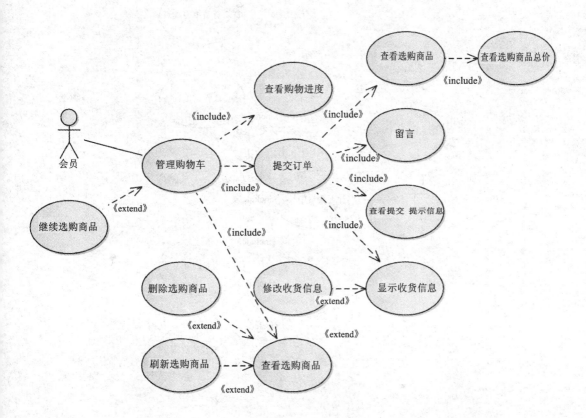

6.5.4 管理会员中心

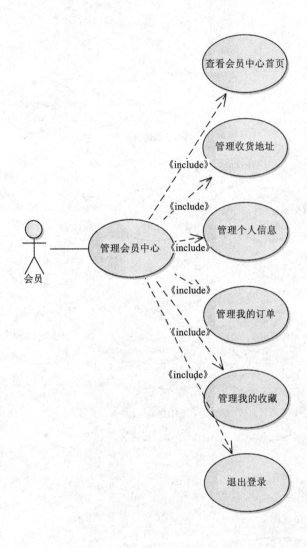

6.5.5 管理后台

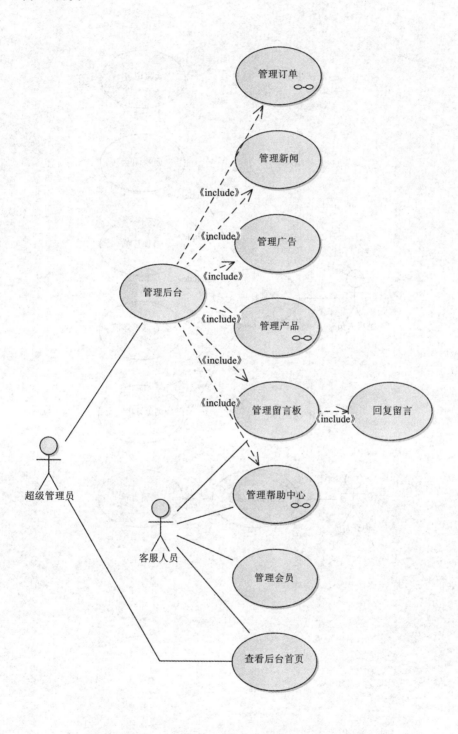

6.5.5.1 管理订单

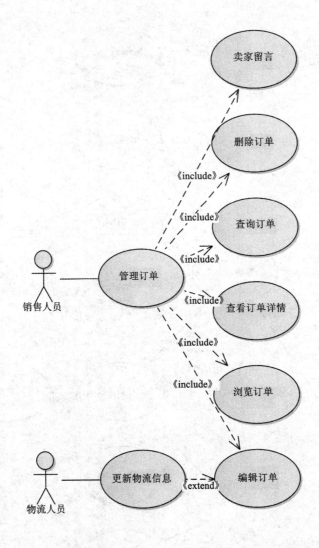

6.5.5.2 管理帮助中心

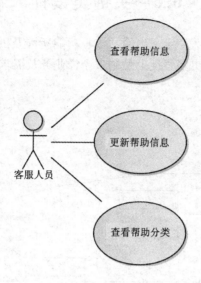

6.5.5.3 管理产品

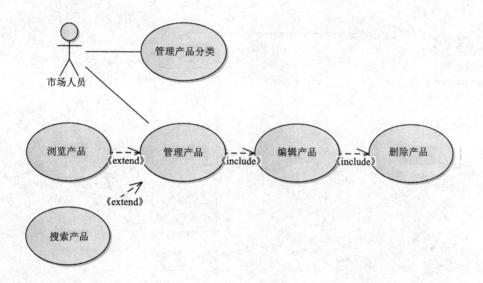

6.6 关键类设计

关键类设计从业务角度出发，定义出网站核心功能所涉及的主要类及关系，和编程中的对象不存在一一对应的关系，更多程度上是用来诠释业务及需求。

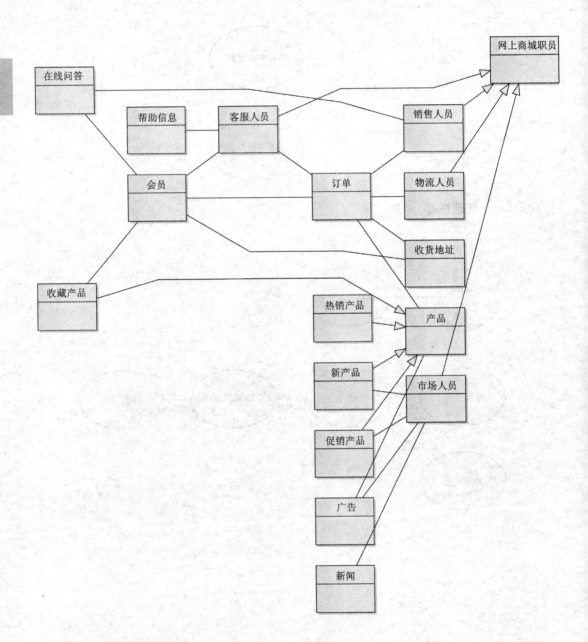

6.7 数据模型设计

6.7.1 概念模型设计

概念模型设计是整个数据库设计的关键，它通过对用户需求进行综合、归纳与抽象，形成一个独立于具体 DBMS 的概念模型。

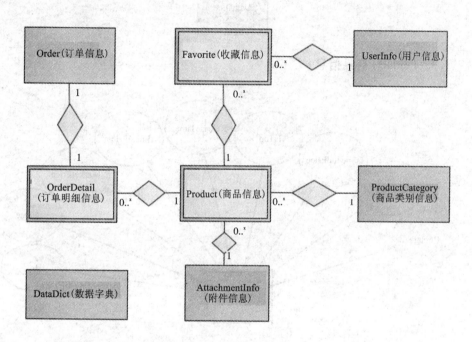

6.7.1.1 ProductCategory（商品类别信息）

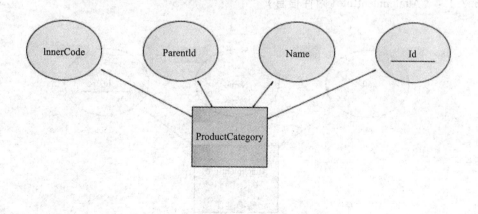

6.7.1.2 DataDict(数据字典)

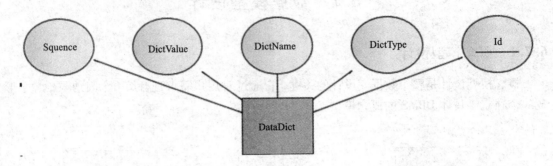

6.7.1.3 Product(商品信息)

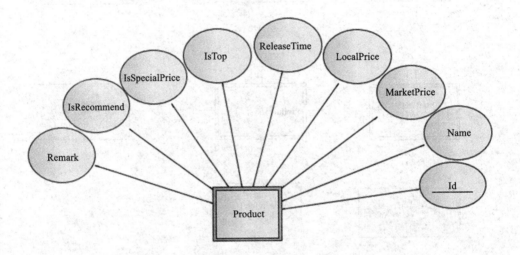

6.7.1.4 AttatchmentInfo(附件信息)

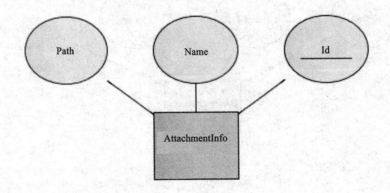

6.7.1.5 UserInfo(用户信息)

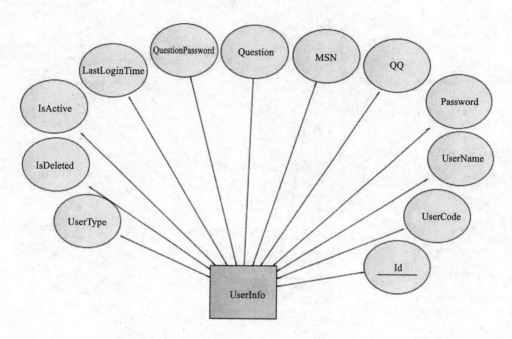

6.7.1.6 Favorite(收藏夹信息)

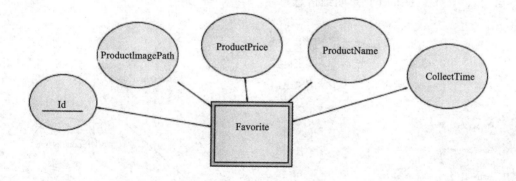

6.7.1.7 Order(订单信息)

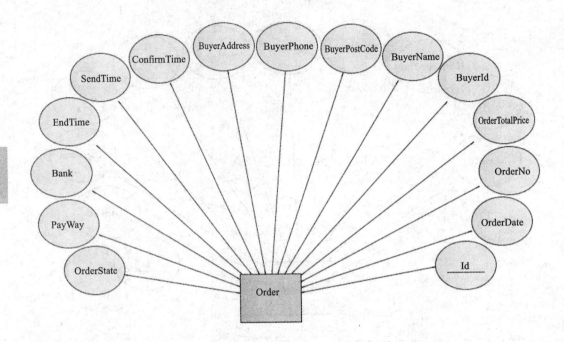

6.7.1.8 OrderDetail(订单明细信息)

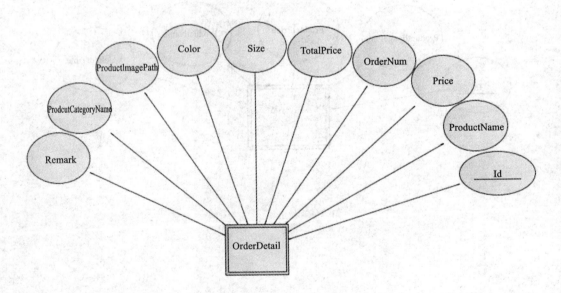

6.7.2 逻辑模型设计

逻辑模型设计是将概念模型转换为某个 DBMS 所支持的数据模型(关系模型),并对其进行优化。

将 E-R 图转换为关系模型,关系模式如下:

ProductCategory(Id, Name, ParentId, InnerCode)

DataDict(Id, DictType, DictName, DictValue, Squence)

Product (Id, Name, CategoryId, MarketPrice, LocalPrice, ReleaseTime, IsTop, IsSpecialPrice, IsRecommend, AttachementId, Remark)

AttachmentInfo(Id, Name, Path)

UserInfo(Id, UserCode, UserName, Password, QQ, MSN, Question, QuestionPassword, LastLoginTime, IsActive, IsDeleted, UserType)

Favorite (Id, UserId, CollectTime, ProductId, ProductName, ProductPrice, ProductImagePath)

Order(Id, OrderDate, OrderNo, OrderTotalPrice, BuyerId, BuyerName, BuyerPostCode, BuyerPhone, BuyerAddress, ConfirmTime, SendTime, EndTime, Bank, PayWay, OrderState)

OrderDetail(Id, OrderId, ProductId, ProductName, Price, OrderNum, TotalPrice, Size, Color, ProductImagePath, ProdcutCategoryName, Remark)

6.7.3 物理模型设计

物理设计是为逻辑数据模型选取一个最适合应用环境的物理结构(包括存储结构和存取方法)。

我们使用 Microsoft Sql Server 2008 数据库管理系统设计的物理数据表见以下各表格。

6.7.3.1 商品类别表(T_ProductCategory)

字段序号	字段名	主键	类型	允许空	字段说明
1	Id	√	varchar(50)		主键
2	Name		varchar(50)		类别名称
3	ParentId		varchar(50)	√	父类别 Id
4	InnerCode		varchar(50)		内部编码

6.7.3.2 数据字典表(T_DataDict)

字段序号	字段名	主键	类型	允许空	字段说明
1	Id	√	varchar(50)		主键
2	DictType		varchar(20)		数据字典类型
3	DictName		varchar(20)		字典显示名称
4	DictValue		varchar(100)		字典值
5	Squence		int		排序号

6.7.3.3 商品表(T_Product)

字段序号	字段名	主 键	类 型	允许空	字段说明
1	Id	√	varchar(50)		主键
2	Name		varchar(100)		商品名称
3	CategoryId		varchar(50)		商品类别ID
4	MarketPrice		money		市场价格
5	LocalPrice		money		本站价格
6	ReleaseTime		datetime		上市时间
7	IsTop		bit		是否置顶
8	IsSpecialPrice		bit		是否特价
9	IsRecommend		bit		是否推荐
10	AttachementId		varchar(50)		图片Id
11	Remark		varchar(Max)		商品说明

6.7.3.4 附件表(T_AttachmentInfo)

字段序号	字段名	主 键	类 型	允许空	字段说明
1	Id	√	varchar(50)		主键
2	Name		varchar(100)		附件名称
3	Path		varchar(200)		附件路径

6.7.3.5 用户信息表(T_UserInfo)

字段序号	字段名	主 键	类 型	允许空	字段说明
1	Id	√	varchar(50)		主键
2	UserCode		varchar(100)		登录账号
3	UserName		varchar(200)		用户名
4	Password		varchar(50)		密码
5	QQ		varchar(20)	√	QQ
6	MSN		varchar(20)	√	MSN
7	Question		varchar(50)	√	安全问题
8	QuestionPassword		varchar(50)	√	安全问题答案
9	LastLoginTime		datetime	√	最后登录时间
10	IsActive		bit		是否启用
11	IsDeleted		bit		是否作废
12	UserType		int		用户类型

6.7.3.6 收藏夹表(T_Favorite)

字段序号	字段名	主 键	类 型	允许空	字段说明
1	Id	√	varchar(50)		主键
2	UserId		varchar(50)		用户Id
3	CollectTime		datetime		收藏时间
4	ProductId		varchar(50)		商品Id
5	ProductName		varchar(100)		商品名称
6	ProductPrice		money		商品价格
7	ProductImagePath		varchar(200)		商品图片路径

6.7.3.7 订单表(T_Order)

字段序号	字段名	主 键	类 型	允许空	字段说明
1	Id	√	varchar(50)		主键
2	OrderDate		datetime		订单日期
3	OrderNo		varchar(50)		订单号
4	OrderTotalPrice		money		订单总价格
5	BuyerId		varchar(50)		买家Id
6	BuyerName		varchar(50)		买家姓名
7	BuyerPostCode		varchar(50)		买家邮编
8	BuyerPhone		varchar(20)		买家电话
9	BuyerAddress		varchar(200)		买家地址
10	ConfirmTime		datetime	√	确认时间
11	SendTime		datetime	√	发货时间
12	EndTime		datetime	√	结束时间
13	Bank		varchar(50)	√	支付银行
14	PayWay		varchar(50)	√	支付平台
15	OrderState		varchar(20)		订单状态

6.7.3.8 订单明细表(T_OrderDetail)

字段序号	字段名	主 键	类 型	允许空	字段说明
1	Id	√	varchar(50)		主键
2	OrderId		varchar(50)		订单Id
3	ProductId		varchar(50)		商品Id

续表

4	ProductName	varchar(100)		商品名称
5	Price	money		商品价格
6	OrderNum	int		购买数量
7	TotalPrice	money		总价格
8	Size	varchar(50)		尺寸
9	Color	varchar(50)		颜色
10	ProductImagePath	varchar(200)		商品图片路径
11	ProdcutCategoryName	varchar(100)		商品类别
12	Remark	varchar(200)	√	备注

第 7 章　系统编码阶段

7.1　存储过程实现

7.1.1　存储过程概述

存储过程(Stored Procedure)是在大型数据库系统中,一组为了完成特定功能的 SQL 语句集,存储在数据库中,经过第一次编译后再次调用不需要再次编译,用户通过指定存储过程的名字并给出参数(如果该存储过程带有参数)来执行它。存储过程是数据库中的一个重要对象,任何一个设计良好的数据库应用程序都应该用到存储过程。

7.1.2　存储过程的优缺点

7.1.2.1　优点

(1)存储过程只在创造创建时进行编译,以后每次执行存储过程都不需再重新编译,而一般 SQL 语句每执行一次就编译一次,所以使用存储过程可提高数据库执行速度;

(2)当对数据库进行复杂操作时(如对多个表进行 Update、Insert、Query、Delete 时),可将此复杂操作用存储过程封装起来与数据库提供的事务处理结合一起使用;

(3)存储过程可以重复使用,可减少数据库开发人员的工作量;

(4)安全性高,可设定只有某些用户才具有对指定存储过程的使用权。

7.1.2.2　缺点

(1)调试麻烦。现在使用 SQL Sever 2008 可以很方便地进行调试。

(2)移植问题。数据库端代码当然是与数据库相关的,如果要做通用的产品,一定要考虑数据库移植问题。

(3)重新编译问题。因为后端代码是运行前编译的,如果带有引用关系的对象发生改变时,受影响的存储过程将需要重新编译(不过也可以设置成运行时刻自动编译)。

(4)如果在一个系统中大量地使用存储过程,到程序交付使用的时候随着用户需求的增加会导致数据结构的变化,接着就是系统的相关问题了,最后如果用户想维护该系统很困难、而且代价是空前的,维护起来更麻烦。

7.1.3　存储过程具体实现

在网上商城系统中,通过存储过程实现商品销售统计报表的业务逻辑。存储过程如下:

```sql
-- ============================================
-- Author: Johnson
-- Create date: 2015-11-1
-- Description: 商品销售统计
-- ============================================
CREATE PROCEDURE [dbo].[P_GetProductSaleStatData]
(
    @startDate varchar(20),   --开始日期
    @endDate varchar(20)      --结束日期
)
AS
BEGIN
    DECLARE @realStartDate DATETIME;
    DECLARE @realEndDate DATETIME;
    DECLARE @saleAmount money;

    --设定起始日期和结束日期参数默认值
    SET @realStartDate = '1900-1-1';
    SET @realEndDate = DATEADD(D, 1, GETDATE());

    IF(@startDate IS NOT NULL AND @startDate <> '')
    BEGIN
        SET @realStartDate = CAST(@startDate AS DATETIME);
    END;

    IF(@endDate IS NOT NULL AND @endDate <> '')
    BEGIN
        --结束日期默认加天
        SET @realEndDate = DATEADD(D, 1, CAST(@endDate AS DATETIME));
    END;

    --计算销售总金额
    select @saleAmount = SUM(d.Price)
    from T_OrderDetail d, T_Order o where d.OrderId = o.Id and o.OrderDate between
    @realStartDate and @realEndDate and o.OrderState in ('已发货','已结束');

    --返回统计数据
    select d.ProductName,          --商品名称
    d.ProdcutCategoryName,         --商品类别
```

SUM(d. OrderNum) SaleCount, ——数量
Convert(decimal(18, 2), SUM(d. Price)) SaleAmount, ——金额
Convert(decimal(18, 2), 100 * SUM(d. Price)/@ saleAmount) SaleAmountPercent
——金额百分比
from T_OrderDetail d, T_Order o where d. OrderId = o. Id and o. OrderDate between @ realStartDate and @ realEndDate and o. OrderState in ('已发货', '已结束') group by d. ProductId, d. ProductName, d. ProdcutCategoryName;
END

7.2 系统框架实现

7.2.1 公共类的设计和实现

在系统开发中通常会对一些常用的方法进行封装，这样可以更好地实现代码复用和提高开发效率。在本系统中创建了几个重要的公共类，下面分别对它们进行详细的介绍。

7.2.1.1 数据访问公共类 SqlHelper

SqlHelper 类通过一组方法来封装数据访问功能，用于简化重复编写数据库连接 SqlConnection、SqlCommand 以及 SqlDataAdpater 等，只要给方法传递要执行的 Sql 语句和参数就可以很方便地访问数据库，实现对数据的增、删、改、查操作。

1）类的成员变量

■ 数据库连接字符串变量

```
//通过配置获取连接字符串
private readonly string connectionString = ConfigurationManager. ConnectionStrings["Conn"]. ConnectionString;
```

连接字符串在主应用程序的 Web. Config 文件中进行配置，配置如下：

```
<configuration>
  <connectionStrings>
    <add name = "Conn" connectionString = "Server = .;Database = EShop;User ID = sa;Password = 123456;"/>
  </connectionStrings>
  ...
</configuration>
```

■ 数据库连接对象变量

```
//数据库连接对象
private SqlConnection Connection{get;set;}
```

■ 是否启用事务变量

```
//是否启用事务（默认不启用事务）
private bool isUseTranMode = false;
```

■ 事务对象变量

```csharp
//事务对象
private SqlTransaction Trans{get;set;}
```

2)类的构造函数

■ 默认构造函数

```csharp
/// <summary>
/// 构造函数默认不启用事务
/// </summary>
public SqlHelper():this(false){ }
```

■ 构造函数重载

该构造函数首先根据参数设置是否启用事务模式,然后建立并打开数据库连接,如果连接启用事务模式,则开始启用事务。

```csharp
/// <summary>
/// 构造函数
/// </summary>
/// <param name = "isUseTranMode">是否启用事务模式</param>
public SqlHelper(bool isUseTranMode)
{
    this.isUseTranMode = isUseTranMode;
    Connection = new SqlConnection(connectionString);
    Connection.Open();
    if(this.isUseTranMode) Trans = Connection.BeginTransaction();
}
```

3)类的方法

■ BuildCommand 方法

该方法用于建立数据操作命令对象,首先通过 SqlConnection 对象的 State 判断连接状态,如果连接状态不为 Open,则打开数据库连接,然后根据要执行的 sql 语句、命令类型以及是否启用事务,建立数据操作命令对象。

```csharp
/// <summary>
/// 建立 SqlCommand 对象并根据条件设置事务关联对象
/// </summary>
/// <param name = "cmdText">要执行的 sql 语句</param>
/// <param name = "cmdType">命令类型:sql 语句或者存储过程</param>
/// <returns>返回 sqlCommand 对象</returns>
private SqlCommand BuildCommand(string cmdText, CommandType cmdType)
{
    //如果连接未打开,则打开连接
    if(this.Connection.State != ConnectionState.Open)
    {
```

```
            this.Connection.Open();
        }
        SqlCommand command;
        if(this.isUseTranMode)  //启用事务
        {
            command = new SqlCommand(cmdText, Connection) {
            CommandType = cmdType,
            CommandTimeout = 240,
            Transaction = Trans };
        }
        else  //不启用事务
        {
            command = new SqlCommand(cmdText, Connection) { CommandType =
            cmdType, CommandTimeout = 240 };
        }
        return command;
    }
```

■ AddParamets 方法

该方法根据要执行的 sql 语句和传递进来的参数建立数据操作命令对象,并对参数进行处理,如果参数值为 null,修改为 DBNull.Value。

```
    /// <summary>
    ///将 SqlCommand 对象的参数添加进来
    /// </summary>
    /// <param name="cmdText">要执行的 sql 语句</param>
    /// <param name="cmdType">命令类型:sql 语句或者存储过程</param>
    /// <param name="parameters">传递进来的参数</param>
    /// <returns>返回 SqlCommand 对象</returns>
    private SqlCommand AddParamets(CommandType cmdType, string cmdText, params
SqlParameter[] parameters)
    {
        //创建 SqlCommand 对象
        SqlCommand command = BuildCommand(cmdText, cmdType);
        if (parameters == null) return command;

        //把参数添加到 SqlCommond 对象中
        foreach (SqlParameter parameter in parameters)
        {
            //如果参数为输入输出类型并且值为 null,需要修改为 DBNull.Value
            if ((parameter.Direction == ParameterDirection.InputOutput) && (parameter.
            Value == null))
```

```
                parameter.Value = DBNull.Value;
            command.Parameters.Add(parameter);
        }
        return command;
    }
```

■ ExecuteNonQuery 方法

该方法用于执行 sql 语句，并返回受影响的行数。当用户需要对数据进行新增、修改和删除时，可以调用该方法。

```
        /// <summary>
        /// 执行 sql 语句
        /// </summary>
        /// <param name="cmdText">要执行的 sql 语句</param>
        /// <returns>返回影响的行数</returns>
        public int ExecuteNonQuery(string cmdText)
        {
            return ExecuteNonQuery(CommandType.Text, cmdText, null);
        }


        /// <summary>
        ///执行 sql 语句
        /// </summary>
        /// <param name="cmdText">要执行的 sql 语句</param>
        /// <param name="parameters">传递进来的参数</param>
        /// <returns>返回影响的行数</returns>
        public int ExecuteNonQuery(string cmdText, params SqlParameter[] parameters)
        {
            SqlCommand cmd = AddParamets(CommandType.Text, cmdText, parameters);
            return cmd.ExecuteNonQuery();
        }


        /// <summary>
        ///执行 sql 语句
        /// </summary>
        /// <param name="cmdText">要执行的 sql 语句</param>
        /// <param name="cmdType">命令类型：sql 语句或者存储过程</param>
        /// <param name="parameters">传递进来的参数</param>
        /// <returns>返回影响的行数</returns>
        public int ExecuteNonQuery(CommandType cmdType, string cmdText, params SqlParameter[] parameters)
```

```csharp
    SqlCommand cmd = AddParamets(cmdType, cmdText, parameters);
    return cmd.ExecuteNonQuery();
}
```

■ ExecuteScalar 方法

该方法用于执行 sql 语句,并返回一个值,通常用于返回一行一列数据的查询。

```csharp
/// <summary>
///返回查询结果第一行第一列的值
/// </summary>
/// <param name="cmdText">要执行的 sql 语句</param>
/// <returns>返回查询结果第一行第一列的值</returns>
public object ExecuteScalar(string cmdText)
{
    return ExecuteScalar(CommandType.Text, cmdText, null);
}
/// <summary>
///返回查询结果第一行第一列的值
/// </summary>
/// <param name="cmdText">要执行的 sql 语句</param>
/// <param name="parameters">传递进来的参数</param>
/// <returns>返回查询结果第一行第一列的值</returns>
public object ExecuteScalar(string cmdText, params SqlParameter[] parameters)
{
    SqlCommand cmd = AddParamets(CommandType.Text, cmdText, parameters);
    return cmd.ExecuteScalar();
}
/// <summary>
///返回查询结果第一行第一列的值
/// </summary>
/// <param name="cmdText">要执行的 sql 语句</param>
/// <param name="cmdType">命令类型:sql 语句或者存储过程</param>
/// <param name="parameters">传递进来的参数</param>
/// <returns>返回查询结果第一行第一列的值</returns>
public object ExecuteScalar(CommandType cmdType, string cmdText, params SqlParameter[] parameters)
{
    SqlCommand cmd = AddParamets(cmdType, cmdText, parameters);
    return cmd.ExecuteScalar();
}
```

■ ExecuteDataset 方法

该方法用于执行 sql 语句，返回 DataSet 对象，该对象包含由某一命令返回的结果集。

```csharp
/// <summary>
///返回 DataSet 集
/// </summary>
/// <param name="cmdText">要执行的 sql 语句</param>
/// <returns>返回 DataSet 集</returns>
public DataSet ExecuteDataset(string cmdText)
{
    return ExecuteDataset(CommandType.Text, cmdText, null);
}
/// <summary>
///返回 DataSet 集
/// </summary>
/// <param name="cmdText">要执行的 sql 语句</param>
/// <param name="parameters">传递进来的参数</param>
/// <returns>返回 DataSet 集</returns>
public DataSet ExecuteDataset(string cmdText, params SqlParameter[] parameters)
{
    SqlCommand cmd = AddParamets(CommandType.Text, cmdText, parameters);
    SqlDataAdapter da = new SqlDataAdapter();
    da.SelectCommand = cmd;
    DataSet ds = new DataSet();
    da.Fill(ds);
    return ds;
}
/// <summary>
///返回 DataSet 集
/// </summary>
/// <param name="cmdText">要执行的 sql 语句</param>
/// <param name="cmdType">命令类型：sql 语句或者存储过程</param>
/// <param name="parameters">传递进来的参数</param>
/// <returns>返回 DataSet 集</returns>
public DataSet ExecuteDataset(CommandType cmdType, string cmdText, params SqlParameter[] parameters)
{
    SqlCommand cmd = AddParamets(cmdType, cmdText, parameters);
    SqlDataAdapter da = new SqlDataAdapter();
    da.SelectCommand = cmd;
```

```
            DataSet ds = new DataSet();
            da.Fill(ds);
            return ds;
        }
```

■ ExecuteDataTable 方法

该方法用于执行 sql 语句,返回 DataTable 对象,该对象包含由某一命令返回的结果集。

```
        /// <summary>
        ///返回 DataTable
        /// </summary>
        /// <param name = "cmdText" >要执行的 sql 语句</param>
        /// <returns >返回 DataTable </returns>
        public DataTable ExecuteDataTable(string cmdText)
        {
            return ExecuteDataTable(CommandType.Text, cmdText, null);
        }


        /// <summary>
        ///返回 DataTable
        /// </summary>
        /// <param name = "cmdText" >要执行的 sql 语句</param>
        /// <param name = "parameters" >传递进来的参数</param>
        /// <returns >返回 DataTable </returns>
        public DataTable ExecuteDataTable(string cmdText, params SqlParameter[] parameters)
        {
            DataSet ds = ExecuteDataset(CommandType.Text, cmdText, parameters);
            return ds == null || ds.Tables.Count == 0 ? null : ds.Tables[0];
        }


        /// <summary>
        ///返回 DataTable
        /// </summary>
        /// <param name = "cmdText" >要执行的 sql 语句</param>
        /// <param name = "cmdType" >命令类型:sql 语句或者存储过程</param>
        /// <param name = "parameters" >传递进来的参数</param>
        /// <returns >返回 DataTable </returns>
        public DataTable ExecuteDataTable(CommandType cmdType, string cmdText, params SqlParameter[] parameters)
        {
```

```
        DataSet ds = ExecuteDataset(cmdType, cmdText, parameters);
        return ds == null || ds.Tables.Count == 0 ? null : ds.Tables[0];
    }
```

■ Commit 方法

该方法用于在开启事务模式时,提交事务。

```
    /// <summary>
    ///提交事务
    /// </summary>
    public void Commit()
    {
        //仅在启用事务模式时,提交事务
        if(this.isUseTranMode)
        {
            this.Trans.Commit();
        }
    }
```

■ Rollback 方法

该方法用于在开启事务模式时,回滚事务。

```
    /// <summary>
    /// 回滚事务
    /// </summary>
    public void Rollback()
    {
        //仅在启用事务模式时,回滚事务
        if(this.isUseTranMode)
        {
            this.Trans.Rollback();
        }
    }
```

■ Close 方法

该方法用于关闭数据库连接。

```
    /// <summary>
    /// 关闭连接
    /// </summary>
    public void Close()
    {
        //如果连接未关闭,则关闭连接
        if(this.Connection.State != ConnectionState.Closed)
        {
```

```
            this.Connection.Close();
        }
    }
```

7.2.1.2 数据转换帮助类 ConvertHelper

数据转换帮助类 ConvertHelper 仅提供一个方法 ToModelList，将 DataTable 转换为实体类的泛型集合。

原理说明：实体类即数据库的映射，因此实体类中的属性和数据库表中的字段是一一对应的。把 DataTable 中的每一行记录视为一个实体类，把其中的字段读取出来，存放到实体类的属性中，再把所有的实体类存放在泛型集合中。因此，DataTable 中有多少个记录，泛型集合中就有多少个实体类，每个实体类的属性和 DataTable 的字段相对应。

```
/// <summary>
/// 将 DataTable 转换为 IList<Model>
/// </summary>
/// <typeparam name="T">Model</typeparam>
/// <param name="dt">DataTable 对象</param>
/// <returns>IList<Model></returns>
public static IList<T> ToModelList<T>(DataTable dt) where T : new()
{
    //定义泛型集合
    List<T> list = new List<T>();

    //获得模型的类型
    Type type = typeof(T);

    //遍历 DataTable 中所有的数据行
    foreach (DataRow dr in dt.Rows)
    {
        T t = new T();

        //获得模型的公共属性
        PropertyInfo[] properties = t.GetType().GetProperties();

        //遍历对象的所有属性
        foreach (PropertyInfo pi in properties)
        {
            //将属性名称赋值给临时变量
            string field = pi.Name;

            //检查 DataTable 是否包含该属性
```

```csharp
            if (dt.Columns.Contains(field))
            {
                //判断此属性是否有 Setter 方法
                if (!pi.CanWrite) continue;//该属性不可写，直接跳出

                //取值
                object value = dr[field];

                //如果非空，则赋给对象的属性
                if (value != DBNull.Value)
                    pi.SetValue(t, value, null);
            }
        }

        //把对象添加到泛型集合中
        list.Add(t);
    }
    return list;
}
```

7.2.1.3 参数解析帮助类 ParamParseHelper

参数解析帮助类 ParamParseHelper 仅提供 ParseParam 方法，对 SortedList 中的参数进行解析，产生 Where 条件语句、SqlParameter[]集合以及分页开始和结束的记录。

原理说明：为了避免在调用方法时传递过多参数，提供一个参数解析方法 ParseParam，在使用时将参数名和参数值放入 SortedList 集合对象中，该方法对集合对象中的条件进行解析，产生 Where 条件语句、SqlParameter[]集合以及分页开始和结束记录，在数据访问层进行灵活、快速的处理。

```csharp
/// <summary>
/// 解析参数，输出 where 条件和 SqlParameter[]
/// </summary>
/// <param name="queryInfo">SortedList：条件参数</param>
/// <param name="strWhere">输出条件</param>
/// <param name="pars">输出 SqlParameter[]</param>
/// <param name="recordStartIndex">分页开始记录</param>
/// <param name="recordEndIndex">分页结束记录</param>
public static void ParseParam(SortedList queryInfo, out string strWhere, out SqlParameter[] pars, out int recordStartIndex, out int recordEndIndex)
{
    recordStartIndex = recordEndIndex = -1;
    strWhere = string.Empty;
```

```csharp
if (queryInfo.Count == 0)
{
    pars = null;
    return;
}

//如果要分页,计算参数时要减去 2
if (queryInfo.ContainsKey("recordStartIndex") && queryInfo.ContainsKey
("recordEndIndex"))
{
    if (queryInfo.Count == 2)
     pars = null;
    else
        pars = new SqlParameter[queryInfo.Count - 2];
}
else
{
    pars = new SqlParameter[queryInfo.Count];
}

int index = 0;
foreach (string key in queryInfo.Keys)
{
    if (key == "recordStartIndex")
    {
        recordStartIndex = (int)queryInfo[key];
        continue;
    }
    else if (key == "recordEndIndex")
    {
        recordEndIndex = (int)queryInfo[key];
        continue;
    }
    else
    {
        //判断是否进行模糊匹配
        if (!key.EndsWith("_LK")) //非模糊匹配
        {
            strWhere += " and " + key + " = @" + key;
```

```csharp
            pars[index] = new SqlParameter("@" + key, queryInfo[key]);
        }
        else //模糊匹配
        {
            string newKey = key.Substring(0, key.Length - 3);
            strWhere += " and " + newKey + " like @" + newKey;
            pars[index] = new SqlParameter("@" + newKey, "%"
                + queryInfo[key] + "%");
        }
        index++;
    }
}
```

7.2.1.4 表示层工具类 Utility

Utility 类中包括两个成员变量和两个方法，分别如下：

(1) 类中的成员变量

■ 页面启动脚本注册 Key

```csharp
//声明常量 ShowMessageNoURL
private const string CS_SHOWMESSAGE_NOURL = "ShowMessageNoURL";
```

■ 页面启动脚本注册 Key(含跳转 URL)

```csharp
//声明常量 ShowMessageWithURL
private const string CS_SHOWMESSAGE_WITHURL = "ShowMessageWithURL";
```

(2) 类中的方法

■ ShowMessage 方法

用于在客户端弹出对话框，提示用户执行某个操作或者已完成了某个操作，并刷新页面。

```csharp
/// <summary>
/// 弹出提示信息
/// </summary>
/// <param name="msg">提示信息内容</param>
public static void ShowMessage(string msg)
{
    //构造提示 JavaScript 脚本
    string script = string.Format("alert('{0}');", msg);
    //获取当前页面
    Page page = HttpContext.Current.Handler as Page;
    if (page != null)
    {
        //判断当前页面的启动脚本是否有注册，未注册的话则注册启动脚本
```

```
        if (! page.ClientScript.IsStartupScriptRegistered(page.GetType(),
   CS_SHOWMESSAGE_NOURL))
        {
            //对当前页面注册启动脚本
            page.ClientScript.RegisterStartupScript(page.GetType(),
        CS_SHOWMESSAGE_NOURL, script, true);
        }
    }
}
```

■ ShowMessage 方法

用户在客户端弹出对话框,提示用户执行某个操作或者已完成了某个操作。

```
/// <summary>
/// 弹出提示信息后跳转到指定的 url 页面
/// </summary>
/// <param name = "msg">弹出提示信息</param>
/// <param name = "url">要跳转到的 url</param>
public static void ShowMessage(string msg, string url)
{
    //构造提示 JavaScript 脚本
    string script = string.Format("alert('{0}');location = '{1}';", msg, url);
    //获取当前页面
    Page page = HttpContext.Current.Handler as Page;
    if (page ! = null)
    {
        //判断当前页面的启动脚本是否有注册,未注册的话则注册启动脚本
        if
        (! page.ClientScript.IsStartupScriptRegistered(page.GetType(),
   CS_SHOWMESSAGE_WITHURL))
        {
            //对当前页面注册启动脚本
            page.ClientScript.RegisterStartupScript(page.GetType(), CS_SHOWMESSAGE_
        WITHURL, script, true);
        }
    }
}
```

■ ToString 方法

通过该方法可以将布尔类型转化为字符串"是/否",主要用来对页面中展示的数据进行格式化处理,避免显示为 1 或者 0 等用户无法理解的数据。

```
/// <summary>
```

```csharp
/// 布尔类型转换为字符串"是/否"
/// </summary>
/// <param name="flag">布尔类型值</param>
/// <returns>true:是</returns>
public static string ToString(object flag)
{
    try
    {
        return Convert.ToBoolean(flag) ? "是" : "否";
    }
    catch
    {
        throw new Exception("输入参数不是布尔类型，转换失败!");
    }
}
```

■ ToMd5 方法

通过该方法对字符串进行 Md5 加密，主要用来对密码进行加密处理。

```csharp
/// <summary>
/// 对字符串进行 Md5 加密
/// </summary>
/// <param name="value">源字符串</param>
/// <returns>加密结果</returns>
public static string ToMd5(string value)
{
    MD5CryptoServiceProvider md5 = new MD5CryptoServiceProvider();
    string result = BitConverter.ToString(md5.ComputeHash(System.Text.Encoding.UTF8.GetBytes(value)));
    return result.Replace("-", "").ToLower();
}
```

7.2.2 实体类的设计和实现

下面以实体类 Product(商品信息)为例来说明实体类的设计和实现，实体类 Product 对应数据中的 Product 表，Product 类中每一个属性对应 Product 表中的一个字段。

```csharp
/// <summary>
/// 商品信息实体类
/// </summary>
public class Product
{
    //商品 Id
    public string Id { get; set; }
```

```csharp
//商品名称
public string Name { get; set; }

//商品类别 Id
public string CategoryId { get; set; }

//市场价格
public decimal MarketPrice { get; set; }

//本站价格
public decimal LocalPrice { get; set; }

//发布时间
public DateTime ReleaseTime { get; set; }

//是否置顶
public bool IsTop { get; set; }

//是否特价
public bool IsSpecialPrice { get; set; }

//是否推荐
public bool IsRecommend { get; set; }

//图片 Id
public string AttachementId { get; set; }

//商品说明
public string Remark { get; set; }
}
```

7.2.3　数据访问层的设计和实现

数据访问层主要实现对数据表 Select、Insert、Update、Delete 的操作。下面以 ProductDAL（商品信息数据访问操作类）为例来说明数据访问层的设计和实现。

7.2.3.1　类的成员变量

■ SqlHelper 类的对象 sqlHelper

```csharp
/// <summary>
/// 创建 SqlHelper 对象
```

```
///    </summary>
private SqlHelper sqlHelper = new SqlHelper();
```

7.2.3.2　类的方法

■ FindById 方法

该方法用于根据 Id 查找商品信息，通过调用 sqlHelper 对象的 ExecuteDataTable 方法以 DataTable 形式返回数据，然后通过 ConvertHelper 工具类的 ToModelList 方法将 DataTable 转化为 Product 集合，最后返回 Product 对象。

```
///    <summary>
///    根据主键查找商品信息
///    </summary>
///    <param name = "id"> 商品信息 Id </param>
///    <returns>商品信息</returns>
public Product FindById(string id)
{
    try
    {
        DataTable dt = sqlHelper.ExecuteDataTable("select * from T_Product where Id = @Id",
        new SqlParameter("@Id", id));
        IList<Product> list = ConvertHelper.ToModelList<Product>(dt);
        if (list.Count > 0)
        {
            return list[0];
        }
        else
        {
            throw new Exception("数据返回错误!");
        }
    }
    catch (Exception ex)
    {
        throw ex;
    }
    finally
    {
        sqlHelper.Close();
    }
}
```

■ FindAll 方法

该方法用于获取所有的商品信息，通过调用 sqlHelper 对象的 ExecuteDataTable 方法以 DataTable 形式返回数据，然后通过 ConvertHelper 工具类的 ToModelList 方法将 DataTable 转化为 Product 集合并返回。

```csharp
/// <summary>
/// 查找所有的商品信息
/// </summary>
/// <returns>所有的商品信息</returns>
public IList<Product> FindAll()
{
    try
    {
        DataTable dt = sqlHelper.ExecuteDataTable("select * from
        T_Product order by ReleaseTime desc");
        return ConvertHelper.ToModelList<Product>(dt);
    }
    catch (Exception ex)
    {
        throw ex;
    }
    finally
    {
        sqlHelper.Close();
    }
}
```

■ FindHotSellProduct 方法

该方法用于获取销售量最大的 5 种商品，通过调用 sqlHelper 对象的 ExecuteDataTable 方法以 DataTable 形式返回数据，然后通过 ConvertHelper 工具类的 ToModelList 方法将 DataTable 转化为 Product 集合并返回。

```csharp
/// <summary>
/// 获取销售量最大的 5 种商品
/// </summary>
/// <returns>销售量最大的 5 种商品</returns>
public IList<Product> FindHotSellProducts()
{
    try
    {
        DataTable dt = sqlHelper.ExecuteDataTable(
        @"select * from T_Product where id in (select top 5 d.ProductId
        from T_OrderDetail d, T_Order o where d.OrderId = o.Id and
```

```
            o.OrderStatein('已发货','已结束') group by d.ProductId order by
            SUM(d.OrderNum) desc)
            order by ReleaseTime desc");
            return ConvertHelper.ToModelList<Product>(dt);
        }
        catch(Exception ex)
        {
            throw ex;
        }
        finally
        {
            sqlHelper.Close();
        }
    }
```

■ GetTotalCount 方法

该方法用于获取满足条件的商品数,通过参数解析帮助类 ParamParseHelper 对参数进行解析生成 Where 条件,主要用于数据分页获取总记录数。

```
    /// <summary>
    /// 获取满足条件的记录数
    /// </summary>
    /// <param name="queryInfo">条件参数</param>
    /// <returns>满足条件的记录数</returns>
    public int GetTotalCount(SortedList queryInfo)
    {
        string strWhere;
        SqlParameter[] pars;
        int recordStartIndex, recordEndIndex;
        ParamParseHelper.ParseParam(queryInfo, out strWhere, out pars, out
        recordStartIndex, out recordEndIndex);
        try
        {
            return (int)sqlHelper.ExecuteScalar("select count(*) from
            T_Product Where 1 = 1 " + strWhere, pars);
        }
        catch(Exception ex)
        {
            throw ex;
        }
        finally
```

```
            }
            sqlHelper.Close();
        }
    }
```

■ FindList 方法

该方法用于获取满足条件的商品数据,可以同时处理分页和不分页两种情况,通过参数解析帮助类 ParamParseHelper 对参数进行解析生成 Where 条件、分页开始和结束的记录,根据解析结果拼凑 sql 语句。

```
// <summary>
// 获取满足条件的商品记录
// </summary>
// <param name="queryInfo">条件参数</param>
// <returns>满足条件的商品记录</returns>
public IList<Product> FindList(SortedList queryInfo)
{
    string strSql, strWhere;
    SqlParameter[] pars;
    int recordStartIndex, recordEndIndex;
    ParamParseHelper.ParseParam(queryInfo, out strWhere, out pars,
        out recordStartIndex, out recordEndIndex);
    try
    {
        if (recordStartIndex == -1 || recordEndIndex == -1) //不分页
        {
            strSql = "select * from T_Product where 1 = 1 " +
                strWhere + " order by ReleaseTime desc";
        }
        else //分页
        {
            strSql = @"select *,
            ROW_NUMBER() over(order by ReleaseTime desc) rn from T_Product where 1 =
            1" + strWhere;
            strSql = "select * from (" + strSql + ") v " + " where rn
            between {0} and {1} order by ReleaseTime desc";
            strSql = string.Format(strSql, recordStartIndex,
            recordEndIndex);
        }
        DataTable dt = sqlHelper.ExecuteDataTable(strSql, pars);
        return ConvertHelper.ToModelList<Product>(dt);
```

```csharp
        }
        catch (Exception ex)
        {
            throw ex;
        }
        finally
        {
            sqlHelper.Close();
        }
    }
```

■ Insert 方法

该方法用于新增商品信息，通过 sqlHelper 对象的 ExecuteNonQuery 方法实现数据的新增。

```csharp
/// <summary>
/// 新增商品信息
/// </summary>
/// <param name="obj">商品信息实体对象</param>
public void Insert(Product obj)
{
    try
    {
        string sql = @"insert into T_Product(Id, Name, CategoryId,
        MarketPrice, LocalPrice, Remark, ReleaseTime, IsTop,
        IsSpecialPrice, IsRecommend, AttachementId) values(@Id,
        @Name, @CategoryId, @MarketPrice, @LocalPrice, @Remark,
        @ReleaseTime, @IsTop, @IsSpecialPrice, @IsRecommend,
        @AttachementId)";
        sqlHelper.ExecuteNonQuery(sql, new SqlParameter("@Id",
         Guid.NewGuid().ToString()), new SqlParameter("@Name",
        obj.Name), new SqlParameter("@CategoryId",
        obj.CategoryId), new SqlParameter("@MarketPrice",
         obj.MarketPrice), new SqlParameter("@LocalPrice",
        obj.LocalPrice), new SqlParameter("@Remark", obj.Remark), new
        SqlParameter("@ReleaseTime", obj.ReleaseTime), new
        SqlParameter("@IsTop", obj.IsTop), new SqlParameter("@IsSpecialPrice",
        obj.IsSpecialPrice), new SqlParameter("@IsRecommend", obj.IsRecommend), new
         SqlParameter("@AttachementId", obj.AttachementId));
    }
    catch (Exception ex)
```

```
        throw ex;
    }
    finally
    {
        sqlHelper.Close();
    }
}
```

■ Update 方法

该方法用于对商品信息进行更新,通过 sqlHelper 对象的 ExecuteNonQuery 方法实现数据的更新。

```
/// <summary>
/// 更新商品信息
/// </summary>
/// <param name="obj">商品信息实体对象</param>
public void Update(Product obj)
{
    try
    {
        string sql = @"update T_Product
        set Name = @Name,
        CategoryId = @CategoryId,
        MarketPrice = @MarketPrice,
        LocalPrice = @LocalPrice,
        Remark = @Remark,
        ReleaseTime = @ReleaseTime,
        IsTop = @IsTop,
        IsSpecialPrice = @IsSpecialPrice,
        IsRecommend = @IsRecommend,
        AttachementId = @AttachementId
        where Id = @Id";
        sqlHelper.ExecuteNonQuery(sql, new SqlParameter("@Id", obj.Id),
        new SqlParameter("@Name", obj.Name),
        new SqlParameter("@CategoryId", obj.CategoryId),
        new SqlParameter("@MarketPrice", obj.MarketPrice),
        new SqlParameter("@LocalPrice", obj.LocalPrice),
        new SqlParameter("@Remark", obj.Remark),
        new SqlParameter("@ReleaseTime", obj.ReleaseTime),
        new SqlParameter("@IsTop", obj.IsTop),
```

```csharp
            new SqlParameter("@IsSpecialPrice", obj.IsSpecialPrice),
            new SqlParameter("@IsRecommend", obj.IsRecommend),
            new SqlParameter("@AttachementId", obj.AttachementId));
    }
    catch (Exception ex)
    {
        throw ex;
    }
    finally
    {
        sqlHelper.Close();
    }
}
```

■ Delete 方法

该方法用于删除商品信息,通过 sqlHelper 对象的 ExecuteNonQuery 方法实现数据的删除。

```csharp
/// <summary>
/// 删除商品信息
/// </summary>
/// <param name="id">商品信息 Id</param>
public void Delete(string id)
{
    try
    {
        sqlHelper.ExecuteNonQuery(@"delete T_Product where Id = @Id",
            new SqlParameter("@Id", id));
    }
    catch (Exception ex)
    {
        throw ex;
    }
    finally
    {
        sqlHelper.Close();
    }
}
```

7.2.4 业务逻辑层的设计和实现

业务逻辑层主要是针对具体的问题的操作,也可以理解成对数据访问层的操作,对数据业务逻辑进行处理。如果说数据访问层是积木,那业务逻辑层就是对这些积木的搭建。

下面以 ProductBLL(商品信息业务逻辑实现类)为例来说明业务逻辑层的设计和实现。

7.2.4.1 类的成员变量

■ ProductDAL 类的对象 dal

```
//创建 DAL 对象
private ProductDAL dal = new ProductDAL();
```

7.2.4.2 类的方法

■ FindById 方法

通过调用 dal 对象的 FindById 方法,获取商品信息。

```
/// <summary>
/// 根据主键查找商品信息
/// </summary>
/// <param name = "id">商品信息 Id</param>
/// <returns>商品信息</returns>
public Product FindById(string id)
{
    return dal.FindById(id);
}
```

■ FindAll 方法

通过调用 dal 对象的 FindAll 方法,获取所有的商品信息。

```
/// <summary>
/// 查找所有的商品信息
/// </summary>
/// <returns>所有的商品信息</returns>
public IList<Product> FindAll()
{
    return dal.FindAll();
}
```

■ FindHotSellProducts 方法

通过调用 dal 对象的 FindHotSellProducts 方法,获取热销推荐商品信息。

```
/// <summary>
/// 获取热销推荐
/// </summary>
/// <returns>热销推荐商品信息</returns>
public IList<Product> FindHotSellProducts()
{
```

```csharp
        return dal.FindHotSellProducts();
}
```

■ GetTotalCount 方法

通过调用 dal 对象的 GetTotalCount 方法,获取满足条件的商品记录数。

```csharp
/// <summary>
/// 获取满足条件的记录数
/// </summary>
/// <param name="queryInfo">条件参数</param>
/// <returns>满足条件的记录数</returns>
public int GetTotalCount(SortedList queryInfo)
{
    return dal.GetTotalCount(queryInfo);
}
```

■ FindList 方法

通过调用 dal 对象的 FindList 方法,获取满足条件的商品信息集合。

```csharp
/// <summary>
/// 获取满足条件的商品记录
/// </summary>
/// <param name="queryInfo">条件参数</param>
/// <returns>满足条件的商品记录</returns>
public IList<Product> FindList(SortedList queryInfo)
{
    return dal.FindList(queryInfo);
}
```

■ Insert 方法

通过调用 dal 对象的 Insert 方法,实现商品信息的新增。

```csharp
/// <summary>
/// 新增商品信息
/// </summary>
/// <param name="obj">商品信息实体对象</param>
public void Insert(Product obj)
{
    dal.Insert(obj);
}
```

■ Update 方法

通过调用 dal 对象的 Update 方法,实现商品信息的更新。

```csharp
/// <summary>
/// 更新商品信息
/// </summary>
```

```
///   < param name = "obj" > 商品信息实体对象 </ param >
public void Update( Product obj)
{
    dal. Update( obj) ;
}
```

■ Delete 方法

通过调用 dal 对象的 Delete 方法，实现商品信息的删除。

```
///   < summary >
///   删除商品信息
///   </ summary >
///   < param name = "id" > 商品信息 Id </ param >
public void Delete( string id)
{
    dal. Delete( id) ;
}
```

7.3　单元测试

在 Microsoft Visual Studio 2010 中，单元测试的功能很强大，使得建立单元测试和编写单元测试代码，以及管理和运行单元测试都变得很简单。下面从建立单元测试项目、编写单元测试方法和单元测试的运行三个方面对单元测试进行介绍。

7.3.1　建立单元测试项目

可以通过两种方式建立单元测试项目，一种为从被测试代码生成单元测试项目，另一种为直接新建单元测试项目。

7.3.1.1　从被测试代码生成单元测试项目

下面以对 ProductBLL 类的 FindById 方法为例来建立单元测试。

（1）在 FindById 方法内，右击鼠标，选择【创建单元测试】，如图 7 - 1 所示。

图 7-1　创建单元测试(1)

（2）在出现的"创建单元测试"界面中，FindById 方法被自动勾上，表示要为这个方法创建单元测试代码的基本框架，如图 7-2 所示。

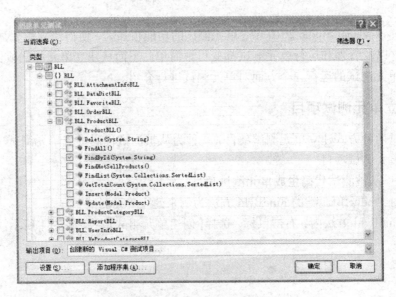

图 7-2　创建单元测试(2)

（3）点击【确定】按钮，在新建测试项目中，输入需要创建的单元测试项目名称，然后单击"创建"按钮，则自动创建一个新的单元测试项目，如图 7-3 所示。

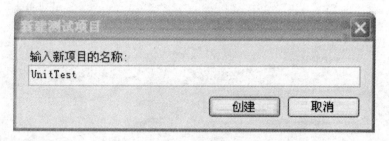

图 7-3 创建单元测试(3)

(4)在解决方案中自动创建了"UnitTest"项目,而且"UnitTest"项目引用了被测试项目的程序集 BLL 和依赖的程序集 DAL、Model,以及单元测试框架 Microsoft. VisualStudio. QualityTools. UnitTestFramework,并且自动产生两个 C#代码文件 AssemblyInfo. cs 和 ProductBLLTest. cs,如图 7-4 所示。

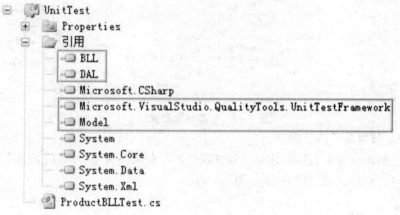

图 7-4 创建单元测试(4)

(5)ProductBLLTest. cs 的代码如图 7-5 所示。

从图中可以看到,自动产生了一个"ProductBLLTest"类,通过[TestClass()]将其标识为一个单元测试类,自动添加了一个"FindByIdTest"方法,通过[TestMethod()]将其标识为一个单元测试方法。

(6)ProductBLLTest. cs 代码文件详解:

string id = string. Empty; // TODO:初始化为适当的值

变量 id 为被测试方法的输入参数,需要我们进行修改。

Product expected = null; // TODO:初始化为适当的值

Product actual;

actual = target. FindById(id);

变量 expected 定义了被测试方法的期望输出值,变量 actual 定义了被测试方法的实际输出值。

Assert. AreEqual(expected, actual);

Assert 在这里可以理解为断言:在 VSTS 里做单元测试是基于断言的测试。

默认代码中 Assert. Inconclusive 表明这是一个未经验证的单元测试,在实际测试时需注释掉。

```
using BLL;
using Microsoft.VisualStudio.TestTools.UnitTesting;
using System;
using Model;
namespace UnitTest
{
    /// <summary>...
    [TestClass()]
    public class ProductBLLTest
    {
        TestContext

        附加测试特性

        /// <summary>
        ///FindById 的测试
        ///</summary>
        [TestMethod()]
        public void FindByIdTest()
        {
            ProductBLL target = new ProductBLL(); // TODO: 初始化为适当的值
            string id = string.Empty; // TODO: 初始化为适当的值
            Product expected = null; // TODO: 初始化为适当的值
            Product actual;
            actual = target.FindById(id);
            Assert.AreEqual(expected, actual);
            Assert.Inconclusive("验证此测试方法的正确性。");
        }
    }
}
```

图 7-5　创建单元测试(5)

7.3.1.2　新建单元测试项目

也可以在解决方案中直接新建单元测试项目，右击解决方案，选择【添加】->【新建项目】，选择项目类型为"测试项目"，如图 7-6 所示。

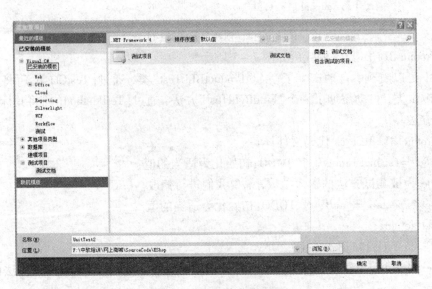

图 7-6　直接新建单元测试

单击【确定】后，自动产生一个新的单元测试项目 UnitTest2，对比"UnitTest2"和"UnitTest"项目可发现，"UnitTest2"少了对被测试项目和依赖程序集的引用，仅引用了单元测试框架程序集 Microsoft.VisualStudio.QualityTools.UnitTestFramework。

7.3.2 编写单元测试方法

单元测试的基本方法是调用被测试的方法，输入方法的参数值，获取返回结果，然后与预期测试结果进行比较，如果相等则认为测试通过，否则认为测试不通过。

7.3.2.1 Assert 类介绍

1）Assert 类的使用

（1）Assert 类所在的命名空间 Microsoft.VisualStudio.TestTools.UnitTesting，在项目中引用 Microsoft.VisualStudio.QualityTools.UnitTestFramework.dll 就可以使用了。

（2）使用 Assert 类可以对特定功能进行验证，单元测试方法执行开发代码中的方法代码，但只有包含 Assert 语句时才能报告代码行为方面的内容。

（3）Assert 在测试方法中，可以调用任意数量的 Assert 类方法，如 Assert.AreEqual( )方法。Assert 类有很多方法可供选择，其中许多方法具有多个重载。

（4）使用 CollectionAssert 类可比较对象集合，也可以验证一个或多个集合的状态。

（5）使用 StringAssert 类可以对字符串进行比较。此类包含各种有用的方法，如：StringAssert.Contains、StringAssert.Matches 和 StringAssert.StartWith。

（6）AssertFailedException 只要测试失败，就会引发 AssertFailedException 异常。如果测试超时，引发意外的异常，或包含生成了 Failed 结果的 Assert 语句，则测试失败。

（7）AssertInconclusiveException 只要测试生成的结果是 Inconclusive，就会引发 AssertInconclusiveException。通常，向仍在处理的测试添加 Assert.Inconclusive 来指明该测试尚未准备好，不能运行。

2）Assert 类主要的静态成员

（1）AreEqual：方法被重载了 N 多次，主要功能是判断两个值是否相等；如果两个值不相等，则测试失败。

（2）AreNotEqual：方法被重载了 N 多次，主要功能是判断两个值是否不相等；如果两个值相等，则测试失败。

（3）AreNotSame：引用的对象是否不相同；如果两个输入内容引用相同的对象，则测试失败。

（4）AreSame：引用的对象是否相同；如果两个输入内容引用不相同的对象，则测试失败。

（5）Fail：断言失败。

（6）Inconclusive：表示无法证明为 true 或 false 的测试结果。

（7）IsFalse：指定的条件是否为 false；如果该条件为 true，则测试失败。

（8）IsTrue：指定的条件是否为 true；如果该条件为 false，则测试失败。

（9）IsInstanceofType：测试指定的对象是否为所需类型的实例；如果所需的实例不在该对象的继承层次结构中，则测试失败。

（10）IsNotInstanceofType：测试指定的对象是否为所需类型的实例；如果所需的实例在该对象的继承层次结构中，则测试失败。

（11）IsNull：测试指定的对象是否为空。

（12）IsNotNull：测试指定的对象是否为非空。

7.3.2.2 编写单元测试方法

```
/// <summary>
///FindById 的测试
/// </summary>
[TestMethod()]
public void FindByIdTest()
{
    ProductBLL target = new ProductBLL();

    //被测试的商品 Id
    string id = "05f28aa7-6218-4f6e-b5a5-87cf08769adb";

    //期望返回的商品名称
    string expected = "复古风";
    Product product = target.FindById(id);
    //测试返回的 product 是否为空
    Assert.IsNotNull(product);

    //实际返回的商品名称
    string actual = product.Name;
    //测试返回的商品名称是否正确
    Assert.AreEqual(expected, actual);
}
```

7.3.3 单元测试的运行

单元测试的运行有两种方式：调试和运行。可以像调试普通代码一样对单元测试代码进行调试，当然也可以直接运行，单元测试的结果将在"测试结果"界面中展示，如图 7-7 所示。

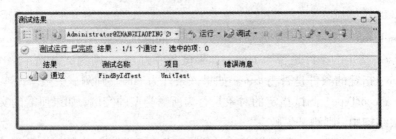

图 7-7 测试结果

双击测试结果，可以查看测试结果的详细信息，如图 7-8 所示。

第 7 章 系统编码阶段

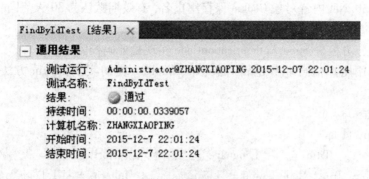

图 7-8 测试结果详细信息

7.4 登录页面

在网上商城系统中，会员和管理员分别通过会员中心登录页面和后台管理系统登录页面进行登录。

7.4.1 会员登录页面

会员通过登录界面进入会员中心首页，在登录时可以勾选"记住用户名"，在下次登录时，不用再输入用户名。

界面效果图如图 7-9 所示。

图 7-9 会员登录页面

7.4.1.1 UI 层实现
1) 技术分析

(1)通过 ASP.Net 内置对象 Cookie 保存用户名,有效期默认为 30 天。同时通过 ASP.Net 内置对象 Session 来存放当前用户信息。

(2)通过第三方控件 SuperAuthenticationCode 实现验证码校验。

(3)通过调用用户信息业务逻辑对象(UserInfoBLL 类的实例)Login 方法进行用户登录校验。

2)实现过程

■ 前台 aspx 页面

```
<%@ Page Title="" Language="C#" MasterPageFile="~/Main.Master" AutoEventWireup="true" CodeBehind="Login.aspx.cs" Inherits="UI.Login" %>
<%@ Register Assembly="SuperAuthenticationCode" Namespace="SuperAuthenticationCode.ServerControl" TagPrefix="cc1" %>
<asp:Content ID="Content1" ContentPlaceHolderID="head" runat="server">
<style type="text/css">
.login_zt
{
    margin:35px 0;
}
.border1_m_zt
{
    background:url(/Images/border1_m.gif) repeat-y;
    width:610px;
    margin:0 auto;
    overflow:hidden;
    zoom:1;
}
.border1_m_zt_l
{
    width:515px;
    margin:30px auto;
    padding:0;
}
.login_l
{
    float:left;
    width:270px;
    border-right:1px solid #F6E4EA;
}
.login_l table tr td
{
```

```css
        height:30px;
}
.login_r
{
    float:left;
    width:210px;
    padding-left:30px;
    line-height:25px;
    padding-top:20px;
}
.border1_t
{
    background:url(/Images/border1_t.gif) top no-repeat;
    zoom:1;
    height:18px;
}
.border1_m
{
    background:url(/Images/border1_m.gif) repeat-y;
    width:540px;
    margin:0 auto;

    padding-left:70px;
    overflow:hidden;
    zoom:1;
  }
  .border1_b
  {
      background:url(/Images/border1_b.gif) bottom no-repeat;
      overflow:hidden;
      zoom:1;
      height:18px;
}
</style>
<script type="text/javascript">
  function checkInput() {
     if ($("#<%=txtUserName.ClientID%>").val() == "") {
         alert("用户名不能为空!");
```

```
            event.returnValue=false;
        }
        else if($("#<%=txtPassword.ClientID%>").val()=="")
        {
            alert("密码不能为空!");
            event.returnValue=false;
        }
    }
</script>

</asp:Content>
<asp:Content ID="Content2" ContentPlaceHolderID="Content" runat="server">
<div></div>
<div class="login_zt">
    <div class="border1_t"></div>
    <div class="border1_m_zt">
        <div class="border1_m_zt_l">
            <div class="login_l">
                <div style="margin-bottom:30px;">
                    <img src="Images/ico_06.gif" /></div>
                <div>
                    <table>
                        <tr>
                            <td width="60px">用户名</td>
                            <td colspan="2" width="160px">
                                <asp:TextBox ID="txtUserName" runat="server"
                                Width="150px"></asp:TextBox>
                            </td>
                        </tr>
                        <tr>
                            <td width="60px">密    码
                            </td>
                            <td colspan="2" width="160px">
                                <asp:TextBox ID="txtPassword" runat="server"
                                TextMode="Password" Width="150px">
                                </asp:TextBox>
                            </td>
                        </tr>
```

```
                <tr valign = "middle">
                    <td width = "60px">验证码</td>
                    <td width = "80px">
                        <asp:TextBox ID = "txtAuthCode" Width = "80px"
                            runat = "server"></asp:TextBox>
                    </td>
                    <td width = "80px" align = "left">
                        <cc1:AuthenticationCode ID = "AuthCode"
                            runat = "server" width = "80px" Height = "40px">
                        </cc1:AuthenticationCode>
                    </td>
                </tr>
                <tr>
                    <td></td>
                    <td colspan = "2">
                        <asp:CheckBox ID = "chkRememerUserName"
                            runat = "server" Checked = "True" />记住用户名
                    </td>
                </tr>
                <tr>
                    <td></td>
                    <td style = "height:60px;">
                        <asp:ImageButton ID = "btnLogin"
                            runat = "server"
                            ImageUrl = "Images/but_login.gif"
                            OnClientClick = "checkInput()"
                            onclick = "btnLogin_Click" />
                    </td>
                </tr>
            </table>

        </div>
    </div>
    <div class = "login_r">
        <img src = "Images/yqtx.gif" />友情提示：<br />
        EShop 实行会员制，如果您还没有注册，
        请点击"注册"按钮填写相关信息注册成为网站会员，
        注册之后您可以：<br />
        1. 保存您的个人资料<br />
```

```
            2. 收藏您关注的商品 <br />
                    3. 享受会员服务 <br />
                </div>
              </div>
            </div>
            <div class = "border1_b" > </div>
        </div>
    </asp:Content>
```

■ 后台 cs 文件

```
public partial class Login : System.Web.UI.Page
{
    //创建用户信息业务逻辑对象
    private UserInfoBLL userInfoBLL = new UserInfoBLL();
    protected void Page_Load(object sender, EventArgs e)
    {
        if (!this.IsPostBack) //页面首次加载
        {
            //通过 Cookie 读取默认用户名
            HttpCookie cookie = Request.Cookies["UserCode"];
            if (cookie != null)
            {
                this.txtUserName.Text = cookie.Value;
            }
        }
    }


    protected void btnLogin_Click(object sender, ImageClickEventArgs e)
    {
        //验证码输入验证
        if (!this.AuthCode.AuthenticationCodeValidate(this.txtAuthCode.Text))
        {
            Utility.ShowMessage("验证码输入错误，请重新输入!");
            return;
        }

        string userCode = this.txtUserName.Text;
        string password = Utility.ToMd5(this.txtPassword.Text);
        bool rememberUserName = this.chkRememerUserName.Checked;
        UserInfo userInfo = userInfoBLL.Login(userCode, password);
```

```
    if ( userInfo = = null )
    {
        Utility.ShowMessage("用户名或者密码输入错误,请重新输入!");
    }
    else
    {
        Session["CurrentUser"] = userInfo;
        //根据"记住用户名"选项确定用户名写入 Cookie 的方式
        HttpCookie cookie = Request.Cookies["UserCode"];
        if ( cookie ! = null )
        {
          if ( rememberUserName ) //需要记住用户名
          {
            cookie.Value = userCode;
            cookie.Expires = DateTime.Now.AddDays(30); //设置 30 天的有效期
          }
          else
          {
            cookie.Expires = DateTime.Now; //设置过期时间为现在,即时失效。
          }
        }
        else
        {
          if ( rememberUserName ) //记住用户名
          {
            cookie = new HttpCookie("UserCode", userCode);
            cookie.Expires = DateTime.Now.AddDays(5);
          }
        }
        Response.Cookies.Add(cookie);
        Response.Redirect("ACIndex.aspx");
    }
  }
}
```

7.4.1.2　BLL 层实现

1)技术分析

通过调用用户信息数据访问对象(UserInfoDAL 类的实例)FindUser 方法进行用户登录校验。

2)实现过程

```csharp
/// <summary>
///用户信息业务逻辑实现类
/// </summary>
public class UserInfoBLL
{
    /// <summary>
    ///创建 DAL 对象
    /// </summary>
    private UserInfoDAL dal = new UserInfoDAL();

    /// <summary>
    ///用户登录
    /// </summary>
    /// <param name="userCode">用户登录账号</param>
    /// <param name="password">密码</param>
    /// <returns>用户信息实体</returns>
    public UserInfo Login(string userCode, string password)
    {
        return dal.FindUser(userCode, password);
    }
}
```

7.4.1.3 DAL 层实现

1）技术分析

通过调用 SqlHelper 对象（SqlHelper 类的实例）的 ExecuteDataTable 方法，然后通过 ConvertHelper 类的 ToModelList 方法将 DataTable 转换为实体类。

2）实现过程

```csharp
/// <summary>
///用户信息数据访问类
/// </summary>
public class UserInfoDAL
{
    /// <summary>
    ///创建 SqlHelper 对象
    /// </summary>
    private SqlHelper sqlHelper = new SqlHelper();

    /// <summary>
    ///根据用户名登录账号和密码查询用户信息
    /// </summary>
    /// <param name = "userCode" >用户登录账号</param>
```

```
        /// <param name = "password">密码</param>
        /// <returns>符合条件的用户信息</returns>
        public UserInfo FindUser(string userCode, string password)
        {
            try
            {
                DataTable dt = sqlHelper.ExecuteDataTable(@"select *
                from T_UserInfo where UserCode = @UserCode and Password =
                @Password and IsActive = 1 and IsDeleted = 0",
                new SqlParameter("@UserCode", userCode),
                new SqlParameter("@Password", password));
                IList<UserInfo> list = ConvertHelper.ToModelList<UserInfo>(dt);
                if (list.Count == 1)
                {
                    return list[0];
                }
                else if (list.Count == 0)
                {
                    return null;
                }
                else
                {
                    throw new Exception("数据返回错误");
                }
            }
            catch (Exception ex)
            {
                throw ex;
            }
            finally
            {
                sqlHelper.Close();
            }
        }
```

7.4.2　后台管理系统登录页面

管理员通过登录界面进入后台管理系统首页，对商品类别和商品进行管理。界面效果图如图 7–10 所示。

图 7-10　后台管理系统登录页面

7.4.2.1　UI 层实现

1) 技术分析

（1）通过 jQuery Ajax 对用户输入的用户名和密码进行验证，验证成功后跳转到后台管理系统首页；

（2）通过 jQuery 的 Md5 插件，对用户输入的密码进行 Md5 加密处理；

（3）通过调用用户信息业务逻辑对象（UserInfoBLL 类的实例）Login 方法进行用户登录校验。

2) 实现过程

■ 前台 aspx 页面

```
<%@ Page Language = "C#" AutoEventWireup = "true" CodeBehind = "Login.aspx.cs" Inherits = "UI.Admin.Login" %>
<!DOCTYPE html PUBLIC " -//W3C//DTD XHTML 1.0 Transitional//EN" "http://www.w3.org/TR/xhtml1/DTD/xhtml1 - transitional.dtd" >
<html xmlns = "http://www.w3.org/1999/xhtml" >
<head runat = "server" >
  <title >EShop 后台管理系统登录页 </title >
  <script src = "/Scripts/jquery.js" type = "text/javascript" > </script >
  <script src = "/Scripts/jquery.md5.js" type = "text/javascript" > </script >
  <script type = "text/javascript" >
    $(function() {
      $("#btnLogin").click(function() {
        var userCode = $("#txtUserCode").val();
        var password = $("#txtPassword").val();

        //重置校验结果
        $("#UserCodeCheckResult").html("");
        $("#PasswordCheckResult").html("");
```

```javascript
            //校验用户名和密码是否有输入
            if (userCode == "" || password == "") {
                if (userCode == "") {
                    $("#UserCodeCheckResult").html("用户名不能为空!");
                }
                if (password == "") {
                    $("#PasswordCheckResult").html("密码不能为空!");
                }
                return;
            }
            login(userCode, password);
        });
    })

    function login(userCode, password) {
        var md5pwd = $.md5(password);
        $.ajax({
            type: "post",
            url: "/UserLogin.ashx",
            data: { "UserCode": userCode, "Password": md5pwd },
            success: function (data, textstatus) {
                if (data == "ok") {
                    window.location.href = "/Admin/Index.aspx";
                }
                else {
                    alert("用户名或者密码输入错误,请重新输入!");
                }
            }
        });
    }

    function doClick() {
        if (window.event.keyCode == 13) {
            $("#btnLogin").click();
        }
    }
</script>
```

```css
<style type="text/css">
/*背景图片*/
body
{
    margin:0;
    padding:0;
    background-image:url('Images/AdminLoginBg.png');
    *background-size:cover;
}

/*文字分散对齐*/
.textAlign
{
    text-align:justify;
    text-justify:distribute-all-lines;
    text-align-last:justify;
}

.loginInfo
{
    margin-top:150px;
    margin-left:450px;
    background-image:url('Images/LoginBg.png');
    background-repeat:no-repeat;
    height:323px;
    width:488px;
}
</style>
</head>

<body>
    <form id="form1" runat="server">
        <div class="loginInfo">
            <table style="padding-left:120px;padding-top:200px;">
                <tr>
                    <td class="textAlign">
                        <label for="txtUserCode">用户名</label>
                    </td>
```

```html
            <td width="10"> </td>
            <td>
                <input type="text" id="txtUserCode" style="width:128px;height:20px;" />
            </td>
            <td>
                <span id="UserCodeCheckResult" style="color:Red;"></span>
            </td>
        </tr>
        <tr>
            <td class="textAlign">
                <label for="txtPassword">密码</label>
            </td>
            <td width="10"> </td>
            <td>
                <input type="password" id="txtPassword" style="width:128px;height:20px;" onkeypress="return doClick();" />
            </td>
            <td>
                <span id="PasswordCheckResult" style="color:Red;"></span>
            </td>
        </tr>
    </table>
    <div style="margin-top:5px;">
        <input id="btnLogin"
            type="button"
            value="登录"
            style="margin-left:180px;height:28px;width:56px;" />
        <input id="btnReset"
            type="reset"
            value="重置"
            style="margin-left:10px;height:28px;width:56px;" />
    </div>
  </div>
 </form>
 </body>
</html>
```

■ 一般处理程序 cs 文件

```
/// <summary>
/// UserLogin 的摘要说明
```

```csharp
///</summary>
public class UserLogin : IHttpHandler, IRequiresSessionState
{
    //用户信息业务逻辑实现对象
    private UserInfoBLL userInfoBLL = new UserInfoBLL();

    public void ProcessRequest(HttpContext context)
    {
        context.Response.ContentType = "text/plain";
        string userCode = context.Request["UserCode"];
        string password = context.Request["Password"];
        //对用户登录名和密码进行校验
        UserInfo userInfo = userInfoBLL.Login(userCode, password);

        if (userInfo != null) //用户校验成功
        {
            //当前用户放入 Session
            context.Session["AdminUser"] = userInfo;
            context.Response.Write("ok");
        }
        else //用户校验失败
        {
            context.Response.Write("error" + " " + password);
        }

    }

    public bool IsReusable
    {
        get
        {
            return false;
        }
    }
}
```

7.4.2.2 BLL 层实现

见 7.4.1.2 节。

7.4.2.3 DAL 层实现

见 7.4.1.3 节。

7.5 网站主页

网站主页的设计关系到网站的形象宣传,对网站生存和发展有着非常重要的作用,应该是一个信息量较大、内容较丰富的宣传平台。

网站主页的效果图如图 7-11 所示。

图 7-11 网站主页效果图

7.5.1 UI 层实现

7.5.1.1 技术分析

1) 母版页

网站的主页和前台主要页面均使用了母版页技术。使用 ASP.NET 母版页可以为应用程序中的页面创建一致的布局。单个母版页可以为应用程序中的所有页(或一组页)定义所需的外观和标准行为。然后可以创建包含要显示的内容的各个内容页。当用户请求内容页时，这些内容页与母版页合并以将母版页的布局与内容页的内容组合在一起输出。

2) 用户控件

网站的主页和商品展示页等多处采用了用户控件。用户控件主要的应用是把常用的功能封装到一个模块中，以便在其他页面中使用，从而提高代码的重用性和程序开发的效率。

3) jQuery

通过 jQuery 实现商品类别导航特效。

4) JavaScript 脚本库 MSClass

通过 JavaScript 脚本库 MSClass.js 实现置顶商品图片自动轮播显示。

7.5.1.2 实现过程

1) 用户控件

在网站首页中用到八个用户控件，分别如下：

- Header.ascx   用于网站顶部信息显示
- HotSearch.ascx   用于热门搜索结果显示
- NavList.ascx   用于商品类别导航
- PicScroll.ascx   用于置顶商品图片轮播显示
- ScrollNews.ascx EShop   用于 EShop 快报显示
- ProductListShow.ascx   用于新品推荐、热销推荐和特价促销显示
- FooterNav.ascx   用于网站底部导航信息显示
- Footer.ascx   用于网站底部信息显示

下面分别以商品类别导航控件、置顶商品图片轮播显示控件以及新品推荐控件为例进行说明。

(1) 商品类别导航控件：

前台 ascx 通过调用后台 cs 中的 GetProductCategoryHtmlString( ) 方法构造导航内容，然后通过 CSS 和 jQuery 实现导航特效展示。

■ 前台 ascx 页面

```
<%@ Control Language = "C#" AutoEventWireup = "true" CodeBehind = "NavList.ascx.cs" Inherits = "UI.UserControl.NavList" %>
<link href = "/Styles/NavList.css" rel = "stylesheet" type = "text/css" />
<script type = "text/javascript">
    $(function () {
        $('.all-sort-list >.item').hover(function () {
            var eq = $('.all-sort-list >.item').index(this),
```

```javascript
        //获取当前滑过是第几个元素
        h = $('.all-sort-list').offset().top,
        //获取当前下拉菜单距离窗口多少像素
        s = $(window).scrollTop(),
        //获取浏览器滚动了多少高度
        i = $(this).offset().top,
        //当前元素滑过距离窗口多少像素
        item = $(this).children('.item-list').height(),
        //下拉菜单子类内容容器的高度
        sort = $('.all-sort-list').height();
        //父类分类列表容器的高度
        if(item < sort){
        //如果子类的高度小于父类的高度
        if(eq == 0){
            $(this).children('.item-list').css('top', (i - h));
        }
        else{
            $(this).children('.item-list').css('top', (i - h) + 1);
        }
        }
      else{
        if(s > h){
        //判断子类的显示位置，如果滚动的高度大于所有分类列表容器的高度
        if(i - s > 0){ //则继续判断当前滑过容器的位置是否有一半超出窗口一半在
            窗口内显示的Bug,
            $(this).children('.item-list').css('top', (s - h) + 2);
        }
        else{
            $(this).children('.item-list').css('top', (s - h) - (-(i - s)) + 2);
        }
        }
        else{
            $(this).children('.item-list').css('top', 3);
        }
        }
        $(this).addClass('hover');
        $(this).children('.item-list').css('display', 'block');
    },
    function(){
```

```
            $(this).removeClass('hover');
            $(this).children('.item-list').css('display','none');
        });
        $('.item>.item-list>.close').click(function(){
            $(this).parent().parent().removeClass('hover');
            $(this).parent().hide();
        });
    })
</script>
<!--商品分类-->
<div class="wrap">
    <div class="all-sort-list">
        <%=this.GetProductCategoryHtmlString() %>
    </div>
</div>
```

■ 样式文件

```
.wrap{
    width:950px;
    margin:0px auto;
}
.all-sort-list{
    position:relative;
    width:105px;
    border:2px solid #E4393C;
    border-top:none;
    padding:3px 3px 3px 0px;
    background:#FAFAFA;
}
.all-sort-list.item{
    height:30px;
    border-top:1px solid #FFFFFF;
}
.all-sort-list.item.bo{
    border-top:none;
}
    .all-sort-list.item h3{
    height:28px;
    line-height:28px;
    border:1px 0px;
```

```css
    font-size:14px;
    font-weight:normal;
    width:105px;
    overflow:hidden;
}
.all-sort-list.hover h3{
    position:relative;
    z-index:13;
    background:#FFF;
    border-color:#DDD;
    border-width:1px 0px;
    border-style:solid;
}
    .all-sort-list.item span{
    padding:0px 5px;
    color:#A40000;
    font-family:"\5B8B\4F53";
}
.all-sort-list.item a{
    color:#000;
    text-decoration:none;
}
.all-sort-list.item a:hover{
    font-weight:bold;
    color:#E4393C;
}
.all-sort-list.item-list{
    display:none;
    position:absolute;
    width:300px;
    min-height:10px;
    _height:10px;
    background:#FFF;
    left:105px;
    box-shadow:0px 0px 10px #DDDDDD;
    border:1px solid #DDD;
    top:3px;
    z-index:10;
}
```

```css
.all-sort-list.item-list.close {
    position: absolute;
    width: 26px;
    height: 26px;
    color: #FFFFFF;
    cursor: pointer;
    top: -1px;
    right: -26px;
    font-size: 20px;
    line-height: 20px;
    text-align: center;
    font-family: "Microsoft Yahei";
    background: rgba(0, 0, 0, 0.6);
    background-color: transparent\9;
    filter: progid:DXImageTransform.Microsoft.Gradient(GradientType=1, startColorstr='#60000000', endColorstr='#60000000');
}

.item-list.subitem {
    float: left;
    width: 300px;
    padding: 0px 4px 0px 8px;
}

.item-list.subitem dl {
    padding: 6px 0px;
    overflow: hidden;
    zoom: 1;
}

.item-list.subitem.fore1 {
    border-top: none;
}

.item-list.subitem dt {
    float: left;
    width: 64px;
    line-height: 22px;
    text-align: left;
    padding: 3px 6px 0px 0px;
    font-weight: 700;
    color: #E4393C;
}
```

```css
.item-list .subitem dt a {
    color:#E4393C;
    text-decoration:underline;
}
.item-list .subitem dd {
    float:left;
    width:300px;
    padding:3px 0px 0px;
    overflow:hidden;
}
.item-list .subitem dd em {
    float:left;
    height:14px;
    line-height:14px;
    padding:0px 8px;
    margin-top:5px;
    border-left:1px solid #CCC;
}
.item-list .subitem dd em a,.item-list .cat-right dd a {
    color:#666;
    text-decoration:none;
}
.item-list .subitem dd em a:hover,.item-list .cat-right dd a:hover {
    font-weight:normal;
    text-decoration:underline;
}
```

■ 后台 cs 文件

```csharp
public partial class NavList : System.Web.UI.UserControl
{
    //创建 ProductCategoryBLL 对象
    private ProductCategoryBLL productCategoryBLL = new ProductCategoryBLL();

    protected void Page_Load(object sender, EventArgs e)
    {
    }

    /// <summary>
    /// 获取产品类别组成的 Html 字符串
    /// </summary>
```

```csharp
protected string GetProductCategoryHtmlString()
{
    System.Text.StringBuilder sbNavList = new System.Text.StringBuilder();

    //获取一级商品类别
    IList<ProductCategory> firstLevelList
        = productCategoryBLL.FindListForTopLevel();
    for (int iIndex = 0; iIndex < firstLevelList.Count; iIndex++)
    {
        if (iIndex == 0) //第一个类别
        {
            sbNavList.AppendLine(string.Format("<div class='{0}'>", "item bo"));
        }
        else
        {
            sbNavList.AppendLine(string.Format("<div class='{0}'>",
                "item"));
        }
        sbNavList.AppendLine(string.Format("<h3><span>·</span><a href='{0}'>{1}</a></h3>", "", firstLevelList[iIndex].Name));
        sbNavList.AppendLine("<div class='item-list clearfix'>");
        sbNavList.AppendLine("<div class='close'>x</div>");
        sbNavList.AppendLine("<div class='subitem'>");
        sbNavList.AppendLine("<dl>");
        sbNavList.AppendLine(string.Format("<dt><a href='{0}'>{1}</a></dt>", "", firstLevelList[iIndex].Name));
        sbNavList.AppendLine("<dd>");
        //获取二级商品类别
        IList<ProductCategory> secondLevelList =
            productCategoryBLL.FindListByParentId(firstLevelList[iIndex].Id);
        foreach (var pc in secondLevelList)
        {
            sbNavList.AppendLine("<em>");
            sbNavList.AppendLine(string.Format("<a href='{0}'>{1}</a>", "ProductListByCategory.aspx?categoryid=" + pc.Id,
                pc.Name));
            sbNavList.AppendLine("</em>");
        }
        sbNavList.AppendLine("</dd>");
```

```
                sbNavList.AppendLine("</dl>");
                sbNavList.AppendLine("</div>");
                sbNavList.AppendLine("</div>");
                sbNavList.AppendLine("</div>");
            }
            return sbNavList.ToString();
    }
}
```

(2) 置顶商品图片轮播显示控件：

前台 ascx 通过调用后台 cs 中的 GetPicHtmlString() 方法和 GetPicPageHtmlString() 获取展现的图片信息和轮播图片数字信息，最后使用第三方 JavsScript 脚本库 MSClass.js 显现商品图片轮播显示。

■ 前台 ascx 页面

```
<%@ Control Language="C#" AutoEventWireup="true" CodeBehind="PicScroll.ascx.cs" Inherits="UI.UserControl.PicScroll" %>
<style type="text/css">
    #Box{
        position:relative;
    }
    #NumID{
        position:absolute;
        bottom:5px;
        right:5px;
    }
    #NumID li{
        list-style:none;
        float:left;
        width:18px;
        height:16px;
        FILTER:alpha(opacity=80);
        opacity:0.8;
        border:1px solid #D00000;
        background-color:#FFFFFF;
        color:#D00000;
        text-align:center;
        cursor:pointer;
        margin-right:4px;
        padding-top:2px;
        overflow:hidden;
```

```css
    }
    #NumID li:hover, #NumID li.active {
        border:1px solid #D00000;
        background-color:#FF0000;
        color:#FFFFFF;
        width:22px;
        height:18px;
        font-weight:bold;
        font-size:13px;
    }
    #ContentID li {
        position:relative;
    }
</style>
<script src = "/Scripts/MSClass.js" type = "text/javascript" ></script>
<div
style = "overflow:hidden;width:550px;height:408px;position:relative;clear:both;border:1px solid #000000;background-color:#ffffff;" >
    <div id = "Box" >
        <ul id = "ContentID" >
            <% = this.GetPicHtmlString() %>
        </ul>
    </div>
    <ul id = "NumID" >
        <% = this.GetPicPageHtmlString() %>
    </ul>
</div>
<script type = "text/javascript" >
    new Marquee({
        MSClassID: "Box",
        ContentID: "ContentID",
        TabID: "NumID",
        Direction: 2,
        Step: 0.5,
        Width: 550,
        Height: 408,
        Timer: 20,
        DelayTime: 3000,
        WaitTime: 0,
```

```
        ScrollStep: 550,
        SwitchType: 0,
        AutoStart: 1
    })
</script>
```

■ 后台 cs 文件

```csharp
public partial class PicScroll : System.Web.UI.UserControl
{
    //创建商品业务逻辑实现类实例
    private ProductBLL productBLL = new ProductBLL();

    private StringBuilder sbPicHtml;
    private StringBuilder sbPageHtml;

    protected void Page_Load(object sender, EventArgs e)
    {
        sbPicHtml = new StringBuilder();
        sbPageHtml = new StringBuilder();

        //获取置顶商品
        SortedList queryInfo = new SortedList();
        queryInfo["IsTop"] = true;
        queryInfo["recordStartIndex"] = 1;
        queryInfo["recordEndIndex"] = 5;
        IList<Product> list = productBLL.FindList(queryInfo);
        int currentIndex = 1;
        foreach (Product p in list)
        {
            string id = p.Id;
            string picId = p.AttachementId;
            string picPath = UIHelper.GetImagePath(picId);
            string li = "<li><a href='ProductInfo.aspx?id={0}' target='_blank'><img border='0' src='{1}' width='550' height='408'/></a></li>";
            sbPicHtml.Append(string.Format(li, id, picPath));
            sbPageHtml.Append(string.Format("<li>{0}</li>", currentIndex));
            currentIndex++;
        }
    }
}
```

```
/// <summary>
///获取图片信息 Html 字符串
/// </summary>
/// <returns>图片信息 Html 字符串</returns>
protected string GetPicHtmlString()
{
    return this.sbPicHtml.ToString();
}


/// <summary>
///获取页码 Html 字符串
/// </summary>
/// <returns>页码 Html 字符串</returns>
protected string GetPicPageHtmlString()
{
    return this.sbPageHtml.ToString();
}
```

(3) 新品推荐控件：

使用 DataList 控件进行分栏展示，通过业务帮助类方法 UI.UIHelper.GetSmallImagePath()将附件 Id 转换为附件路径。

■ 前台 ascx 页面

```
<%@ Control Language="C#"
AutoEventWireup="true"
CodeBehind="ProductListShow.ascx.cs"
Inherits="UI.UserControl.ProductListShow" %>
<asp:DataList ID="dlProductList" runat="server" RepeatDirection="Horizontal"
RepeatColumns="5">
  <ItemTemplate>
    <div style="margin-left:5px;">
      <div class="pic">
        <a href='ProductInfo.aspx?id=<%#Eval("Id") %>' target="_blank">
          <asp:Image ID="Image1" ImageUrl='<%#
          UI.UIHelper.GetSmallImagePath(Eval("AttachementId").ToString()) %>'
          runat="server" style="width:180px;height:220px;" />
        </a>
      </div>
      <div style="padding-left:42px;">
```

```
            <img src="/Images/new.gif" title="NEW" border="0">
        </div>
        <div style="padding-left:53px;"><%# Eval("Name")%></div>
        <div class="title"><a href="#" target="_blank"></a></div>
        <div style="padding-left:48px;">
            ¥<%#Eval("LocalPrice","{0:N2}")%>
        </div>
    </div>
  </ItemTemplate>
</asp:DataList>
```

■ 后台 cs 文件

```
public partial class ProductListShow : System.Web.UI.UserControl
{
    protected void Page_Load(object sender, EventArgs e)
    {
        this.dlProductList.DataSource = this.DataSource;
        this.dlProductList.DataBind();
    }

    public IList<Product> DataSource
    {
        get;
        set;
    }
}
```

2) 母版页

通过母版页实现网站风格统一，一般在母版页中实现页面公共信息比如头部和底部信息的展示，并提供多个内容占位符，供使用母版页的页面进行自定义展示。

母版页页面代码如下：

```
<%@ Master Language="C#" AutoEventWireup="true" CodeBehind="Main.master.cs" Inherits="UI.Main" %>
<%@ Register Src="~/UserControl/Header.ascx" TagPrefix="uc" TagName="Header" %>
<%@ Register Src="~/UserControl/Footer.ascx" TagPrefix="uc" TagName="Footer" %>
<%@ Register Src="~/UserControl/FooterNav.ascx" TagPrefix="uc" TagName="FooterNav" %>
```

```html
<!DOCTYPE html PUBLIC "-//W3C//DTD XHTML 1.0 Transitional//EN"
"http://www.w3.org/TR/xhtml1/DTD/xhtml1-transitional.dtd">
<html xmlns="http://www.w3.org/1999/xhtml">
<head runat="server">
    <title></title>
    <script src="Scripts/jquery.js" type="text/javascript"></script>
    <link href="Styles/Style1.css" rel="stylesheet" type="text/css" />
    <link href="Styles/Style2.css" rel="stylesheet" type="text/css" />
    <asp:ContentPlaceHolder ID="head" runat="server">
    </asp:ContentPlaceHolder>
</head>
<body>
    <form id="form1" runat="server">
        <!--整体布局-->
        <div class="zt">
            <!--页面顶部-->
            <div class="zt_t">
                <uc:Header runat="server" ID="ucHeader" />
            </div>

            <!--页面主体-->
            <div class="in_zt">
                <asp:ContentPlaceHolder ID="Content" runat="server">
                </asp:ContentPlaceHolder>
            </div>

            <!--清除两侧的浮动-->
            <div class="clear"></div>

            <!--页面底部导航信息区-->
            <div class="zt_footnav">
                <uc:FooterNav runat="server" ID="ucFootNav" />
            </div>

            <!--页面底部-->
            <div class="zt_foot">
                <uc:Footer runat="server" ID="ucFooter" />
            </div>
        </div>
```

```
            </form>
        </body>
    </html>
```

3）网站主页

网站主页使用母版页，在内容占位符中增加热门搜索结果、商品类别导航、置顶商品图片轮播、新品推荐、热销推荐和特价促销商品显示。

■ 前台 aspx 页面

```
<%@ Page Title = "" Language = "C#" MasterPageFile = "~/Main.Master"
AutoEventWireup = "true" CodeBehind = "Index.aspx.cs" Inherits = "UI.Index" %>
<%@ Register Src = "~/UserControl/NavList.ascx" TagPrefix = "uc"
TagName = "NavList" %>
<%@ Register Src = "~/UserControl/ProductListShow.ascx" TagPrefix = "uc"
TagName = "NewProductList" %>
<%@ Register Src = "~/UserControl/ProductListShow.ascx" TagPrefix = "uc"
TagName = "RecommendProductList" %>
<%@ Register Src = "~/UserControl/ProductListShow.ascx" TagPrefix = "uc"
TagName = "PromotionProductList" %>
<%@ Register Src = "~/UserControl/PicScroll.ascx" TagPrefix = "uc"
TagName = "PicScroll" %>
<%@ Register Src = "~/UserControl/ScrollNews.ascx" TagPrefix = "uc"
TagName = "ScrollNews" %>
<%@ Register Src = "~/UserControl/HotSearch.ascx" TagPrefix = "uc"
TagName = "HotSearch" %>
<asp:Content ID = "Content1" ContentPlaceHolderID = "head" Runat = "Server">
    <script src = "Scripts/JsUtil.js" type = "text/javascript"></script>
</asp:Content>

<asp:Content ID = "Content" ContentPlaceHolderID = "Content" runat = "server">
    <div id = "divTop">
        <span class = 'ProductCatategoryTitle'>商品分类</span>
        <div style = "float:left;
            width:830px;
            text-align:center;
            line-height:27px;
            overflow:hidden;">
            <asp:TextBox ID = "txtSearch" class = "KeywordSearch"
                runat = "server"></asp:TextBox>
            <asp:Button ID = "btnSearch" class = "KeywordSearchButton"
                runat = "server" Text = "搜索"
```

```
            onclick = "btnSearch_Click" />
        <!--热门搜索-->
        <uc:HotSearch runat = "server" ID = "HotSearch" />
    </div>
</div>
<div id = "divCenter" >
    <div id = "divNav" >
        <!--商品类别导航-->
        <uc:NavList runat = "server" ID = "NavList" />
    </div>
    <div id = "divLeft" >
        <!--置顶图片自动轮播显示-->
        <uc:PicScroll runat = "server" ID = "PicScroll" />
    </div>
    <div id = "news" class = "m" >
        <!--EShop 快报-->
        <uc:ScrollNews runat = "server" ID = "ScrollNews" />
    </div>
</div>

<!--新品推荐-->
<div class = "productarea" >
    <div class = "piclist" >
        <img src = "/Images/bgNewProducts.gif" />
    </div>
    <div class = "piclistright" >
        <uc:NewProductList runat = "server" ID = "ucNewProductList" />
    </div>
</div>

<!--热销推荐-->
<div class = "productarea" >
    <div class = "piclist" >
        <img src = "/Images/bgSellRecommendations.gif" />
    </div>
    <div class = "piclistright" >
        <uc:RecommendProductList runat = "server" ID = "ucRecommendProductList" />
    </div>
</div>
```

```html
<!--特价促销-->
<div class="productarea">
    <div class="piclist">
        <img src="/Images/bgSellPromotions.gif" />
    </div>
    <div class="piclistright">
        <uc:PromotionProductList runat="server" ID="ucPromotionProductList" />
    </div>
</div>
</asp:Content>
```

■ 后台 cs 文件

```csharp
/// <summary>
///网站主页
/// </summary>
public partial class Index : System.Web.UI.Page
{
    //创建商品业务逻辑实现类实例
    private ProductBLL productBLL = new ProductBLL();

    protected void Page_Load(object sender, EventArgs e)
    {
        this.LoadData();
    }


    /// <summary>
    ///加载数据
    /// </summary>
    private void LoadData()
    {
        //新品推荐(根据发布时间来获取数据)
        SortedList queryInfo = new SortedList();
        queryInfo["IsRecommend"] = true;
        queryInfo["recordStartIndex"] = 1;
        queryInfo["recordEndIndex"] = 10;
        this.ucNewProductList.DataSource = productBLL.FindList(queryInfo);

        //热销推荐(根据 T_OrderDetail 来算)
        this.ucRecommendProductList.DataSource = productBLL.FindHotSellProducts();
```

```csharp
            //特价促销(根据是否特价来获取数据)
            queryInfo = new SortedList();
            queryInfo["IsSpecialPrice"] = true;
            queryInfo["recordStartIndex"] = 1;
            queryInfo["recordEndIndex"] = 10;
            this.ucPromotionProductList.DataSource = productBLL.FindList(queryInfo);
        }

        protected void btnSearch_Click(object sender, EventArgs e)
        {
            if (!string.IsNullOrWhiteSpace(this.txtSearch.Text.Trim()))
            {
                Response.Redirect("ProductListByKeywords.aspx?keywords = "
                    + this.txtSearch.Text.Trim());
            }
        }
    }
```

7.5.2 BLL 层实现

7.5.2.1 技术分析

在此仅介绍首页新品推荐、热销推荐以及特价促销的业务逻辑实现方式，通过调用商品信息数据访问对象(ProductDAL 类的实例)FindList 方法和 FindHotSellProducts 方法获取新品推荐、热销推荐以及特价促销信息。

7.5.2.2 实现过程

```csharp
    /// <summary>
    /// 商品信息业务逻辑实现类
    /// </summary>
    public class ProductBLL
    {
        /// <summary>
        ///创建 DAL 对象
        /// </summary>
        private ProductDAL dal = new ProductDAL();
        /// <summary>
        ///获取热销推荐
        /// </summary>
        /// <returns>热销推荐商品信息</returns>
        public IList<Product> FindHotSellProducts()
```

```csharp
            return dal.FindHotSellProducts();
        }
        /// <summary>
        /// 获取满足条件的商品记录
        /// </summary>
        /// <param name="queryInfo">条件参数</param>
        /// <returns>满足条件的商品记录</returns>
        public IList<Product> FindList(SortedList queryInfo)
        {
            return dal.FindList(queryInfo);
        }
    }
```

7.5.3 DAL 层实现

7.5.3.1 技术分析

通过调用 SqlHelper 对象(SqlHelper 类的实例)的 ExecuteDataTable 方法,然后通过 ConvertHelper 类的 ToModelList 方法将 DataTable 转换为实体类。

7.5.3.2 实现过程

```csharp
    /// <summary>
    /// 商品信息数据访问类
    /// </summary>
    public class ProductDAL
    {
        /// <summary>
        ///创建 SqlHelper 对象
        /// </summary>
        private SqlHelper sqlHelper = new SqlHelper();

        /// <summary>
        ///获取销售量最大的 5 种商品
        /// </summary>
        /// <returns>销售量最大的 5 种商品</returns>
        public IList<Product> FindHotSellProducts()
        {
            try
            {
                DataTable dt = sqlHelper.ExecuteDataTable(@"select *
                    from T_Product where id in (select top 5 d.ProductId
```

```csharp
                    from T_OrderDetail d,
                T_Order o
                where d.OrderId = o.Id and o.OrderState in ('已发货','已结束')
                group by d.ProductId
                order by SUM(d.OrderNum) desc)
                order by ReleaseTime desc");
            return ConvertHelper.ToModelList<Product>(dt);
        }
        catch (Exception ex)
        {
            throw ex;
        }
        finally
        {
            sqlHelper.Close();
        }
    }

    ///<summary>
    ///获取满足条件的商品记录
    ///</summary>
    ///<param name="queryInfo">条件参数</param>
    ///<returns>满足条件的商品记录</returns>
    public IList<Product> FindList(SortedList queryInfo)
    {
        string strSql, strWhere;
        SqlParameter[] pars;
        int recordStartIndex, recordEndIndex;
        ParamParseHelper.ParseParam(queryInfo,
            out strWhere,
            out pars,
            out recordStartIndex,
            out recordEndIndex);
        try
        {
            if (recordStartIndex == -1 || recordEndIndex == -1)//不分页
            {
                strSql = "select * from T_Product where 1 = 1 " +
                    strWhere + " order by ReleaseTime desc";
```

```
            }
            else //分页
            {
                strSql = @"select * , ROW_NUMBER() over(order by
                ReleaseTime desc) rn
                from T_Product
                where 1 = 1 " + strWhere;
                strSql = "select * from (" + strSql + ") v " +
                " where rn between {0} and {1} order by ReleaseTime desc";
                strSql = string.Format(strSql, recordStartIndex, recordEndIndex);
            }
            DataTable dt = sqlHelper.ExecuteDataTable(strSql, pars);
            return ConvertHelper.ToModelList<Product>(dt);
        }
        catch (Exception ex)
        {
            throw ex;
        }
        finally
        {
            sqlHelper.Close();
        }
    }
}
```

7.6 核心功能模块实现

7.6.1 单款服装展示

商品信息的展示在系统中是一个非常重要的功能,其中实现图片局部放大是一个必备的功能。界面效果如图 7-12 所示。

7.6.1.1 UI 层实现

1) 技术分析

通过 cloud-zoom 插件实现图片的局部放大,会员登录后方可将商品加入购物车和收藏夹。

2) 实现过程

■ 前台 aspx 页面

```
<%@ Page Title="" Language="C#" MasterPageFile=" ~/Main.Master"
AutoEventWireup="true" CodeBehind="ProductInfo.aspx.cs" Inherits="UI.ProductInfo" %>
```

图 7-12　单款服装图片局部放大展示、效果图

```
<%@ Register Src="~/UserControl/NavList.ascx" TagPrefix="uc"
TagName="NavList" %>
<asp:Content ID="Content1" ContentPlaceHolderID="head" runat="server">
  <script src="Scripts/cloudzoom.js" type="text/javascript"></script>
  <script src="Scripts/JsUtil.js" type="text/javascript"></script>
  <link href="Styles/cloudzoom.css" rel="stylesheet" type="text/css" />
  <style type="text/css">
   .colo
{
   background-color:#eee;
}
.style1
{
    width:83px;
}
</style>
<script type="text/javascript">
```

```
            CloudZoom.quickStart();
        </script>
</asp:Content>
<asp:Content ID="Content2" ContentPlaceHolderID="Content" runat="server">
    <div id="divNav">
        <div>
            <span class="ProductCatategoryTitle2">商品分类</span>
        </div>
        <div>
            <uc:NavList runat="server" ID="NavList" />
        </div>
    </div>
    <div class="pro_r">
        <div class="info_t_t"></div>
        <div class="info_t_b">
            <div class="info_t_b_l" style="top:0px;position:relative;">
                <img class="cloudzoom"
                    src="<%=lblImageUrl.Text%>"
                    data-cloudzoom="zoomImage:'<%=lblBigImageUrl.Text%>'"
                />
            </div>
            <div class="info_t_b_r">
                <div style="text-align:center;width:180px;">
                    <asp:Label ID="lblTitle" runat="server"
                    Text=""></asp:Label>
                    <asp:Label ID="lblImageUrl" runat="server" Text="Label"
                    Visible="False">
                    </asp:Label>
                    <asp:Label ID="lblBigImageUrl" runat="server"
                    Text="Label" Visible="False">
                    </asp:Label>
                </div>
                <div>
                    <table class="table_detail">
                        <tbody>
                            <tr>
                                <th class="style1">市场价格：</th>
                                <td width="300">
                                    ￥<asp:Label ID="lblMarketPrice"
```

```
            runat = "server" Font - Overline = "False"
Font - Strikeout = "True" ForeColor = "Black" >
  </asp:Label>元
 </td>
</tr>
<tr>
  <th class = "style1" >本站价格: </th>
  <td>¥ <asp:Label ID = "lblLocalPrice"
 runat = "server" >
     </asp:Label>元
  </td>
</tr>
<tr>
  <th class = "style1" >类型: </th>
<td>
     <asp:Label ID = "lblProductCategory"
       runat = "server" > </asp:Label>
</td>
</tr>
<tr>
  <th valign = "top" class = "style1" >颜色: </th>
  <td valign = "top" >
  <asp:DataList ID = "dlColor" runat = "server"
RepeatDirection = "Horizontal" >
<ItemTemplate>
 
<asp:LinkButton ID = "lbColor"
runat = "server" ForeColor = "Black"
Height = "20px" CssClass = "colo"
oncommand = "lbColorCommand"
CommandArgument = '<% #Eval("DictName")
% >' >
  <% #Eval("DictName")% >
          </asp:LinkButton>  
        </ItemTemplate>
     </asp:DataList>
   </td>
  </tr>
  <tr>
```

```html
        <th valign="top" class="style1">尺码：</th>
        <td valign="top">
        <asp:DataList ID="dlSize" runat="server"
        RepeatDirection="Horizontal">
        <ItemTemplate>
        <asp:LinkButton ID="lbSize"
        runat="server" ForeColor="Black"
        Height="20px" CssClass="colo"
        oncommand="lbSizeCommand"
        CommandArgument='<%#Eval("DictName") %>'>
        <%#Eval("DictName") %>
        </asp:LinkButton>  
        </ItemTemplate>
        </asp:DataList></td>
        </tr>
        <tr>
          <th style="color:rgb(236,101,159);"
            class="style1">已选择：</th>
          <th>
            尺码：<asp:Label ID="lblSize"
            runat="server"
            ForeColor="#000099" Text="">
            </asp:Label> 
            颜色：<asp:Label ID="lblColor"
            runat="server" ForeColor="#000099">
            </asp:Label>

          </th>
        </tr>
      </tbody>
    </table>
</div>
<div class="submit">
 <div class="submit"
style="float:left;
width:70px;
display:block;
padding:8px 10px;
padding:9px 10px 7px 10px;
```

```
                        border:1px #D99DB7 solid; background:#fff;
                        text-align:center; color:#888;" >
                            <asp:LinkButton ID = "lbAddShoppingList"
                            runat = "server"
                            oncommand = "lbAddShoppingList_Command" >
                            加入购物车
                            </asp:LinkButton>
                        </div>
                        <div class = "submit"
                        style = "float:left;
                        margin-left:10px;
                        width:70px;
                        display:block;
                        padding:9px 10px 7px 10px;
                        border:1px #D99DB7 solid;
                        background:#fff;
                        text-align:center; color:#888;" >
                            <asp:LinkButton ID = "lbAddFavorite"
                            runat = "server"
                            oncommand = "lbAddFavorite_Command" >加入收藏夹
                            </asp:LinkButton>
                        </div>
                        <div style = "clear:left;" > </div>  
                        </div>
                    </div>
                </div>
            <div class = "clear" > </div>
        </asp:Content>
```

■ 后台 cs 文件

```csharp
public partial class ProductInfo : System.Web.UI.Page
{
    //创建商品业务逻辑实现类实例
    private ProductBLL productBLL = new ProductBLL();

    //创建数据字典业务逻辑实现类实例
    private DataDictBLL dataDictBLL = new DataDictBLL();

    //创建收藏夹业务逻辑实现类实例
```

```csharp
private FavoriteBLL favoriteBLL = new FavoriteBLL();

private string CurrentId { get { return Request["id"].ToString(); } }

protected void Page_Load(object sender, EventArgs e)
{
    if (!this.IsPostBack)
    {
        string id = Request["id"].ToString();
        Product product = productBLL.FindById(id);
        this.lblLocalPrice.Text = product.LocalPrice.ToString("#0.00");
        this.lblMarketPrice.Text = product.MarketPrice.ToString("#0.00");
        this.lblTitle.Text = product.Name;
        this.lblProductCategory.Text =
            UIHelper.ToCategoryName(product.CategoryId);
        string imgPath = UIHelper.GetSmallImagePath(product.AttachementId);
        this.lblBigImageUrl.Text =
            UIHelper.GetImagePath(product.AttachementId); ;
        this.lblImageUrl.Text = imgPath;

        IList<DataDict> colorList = dataDictBLL.FindList("Color");
        if (colorList.Count > 0)
        {
            //给颜色赋默认值
            this.lblColor.Text = colorList[0].DictName;
        }
        this.dlColor.DataSource = colorList;
        this.dlColor.DataBind();

        IList<DataDict> sizeList = dataDictBLL.FindList("Size");
        if (sizeList.Count > 0)
        {
            //给颜色赋默认值
            this.lblSize.Text = sizeList[0].DictName;
        }
        this.dlSize.DataSource = sizeList;
        this.dlSize.DataBind();
    }
}
```

```csharp
protected void lbColorCommand(object sender, CommandEventArgs e)
{
    this.lblColor.Text = e.CommandArgument.ToString();
}

protected void lbSizeCommand(object sender, CommandEventArgs e)
{
    this.lblSize.Text = e.CommandArgument.ToString();
}


/// <summary>
///建立购物车信息
/// </summary>
private Shoppinglist BuildShoppinglist(Product product)
{
    Shoppinglist sl = new Shoppinglist();
    sl.Id = Guid.NewGuid().ToString();
    sl.ProductId = product.Id;
    sl.ProductName = product.Name;
    sl.ProductCategory = this.lblProductCategory.Text;
    sl.ProductImagePath = this.lblImageUrl.Text;
    sl.Color = this.lblColor.Text;
    sl.Size = this.lblSize.Text;
    sl.LocalPrice = product.LocalPrice;
    sl.BuyCount = 1;
    sl.TotalPrice = product.LocalPrice;
    sl.PostTime = DateTime.Now;
    return sl;
}

protected void lbAddShoppingList_Command(object sender, CommandEventArgs e)
{
    if(! UIHelper.CheckUserLogin())
    {
        UICommon.Utility.ShowMessage("请登录后再加入购物车!",
        "Login.aspx");
    }
    else
```

```csharp
        {
            if (string.IsNullOrEmpty(this.lblColor.Text) ||
            string.IsNullOrEmpty(this.lblSize.Text))
            {
                UICommon.Utility.ShowMessage("请先选择好颜色和尺寸!");
                return;
            }
            if(string.IsNullOrEmpty(this.CurrentId)) return;
            Product currentProduct = productBLL.FindById(this.CurrentId);
            IList<Shoppinglist> list = this.Session["ShoppingList"] as
             IList<Shoppinglist>;
            if (list == null)
            {
                list = new List<Shoppinglist>();
                list.Add(this.BuildShoppinglist(currentProduct));
                this.Session["ShoppingList"] = list;
            }
            else
            {
                //购物车中是否已经有该商品
                bool isInShoppingList = false;
                foreach (Shoppinglist sl in list)
                {
                    if (sl.ProductId == currentProduct.Id &&
                        sl.Color == this.lblColor.Text &&
                        sl.Size == this.lblSize.Text)
                    {
                        //如果购物车中已经有该商品,则数量加1,总价格重新计算
                        sl.BuyCount += 1;
                        sl.TotalPrice = sl.LocalPrice * sl.BuyCount;
                        isInShoppingList = true;
                        break;
                    }
                }
                //如果购物车中没有该商品,加入到购物车中。
                if (!isInShoppingList)
                {
                    list.Add(this.BuildShoppinglist(currentProduct));
```

```csharp
            }
            this.Session["ShoppingList"] = list;
        }
        Response.Redirect("ShoppingList.aspx");
    }
}

protected void lbAddFavorite_Command(object sender, CommandEventArgs e)
{
    if (!UIHelper.CheckUserLogin())
    {
        UICommon.Utility.ShowMessage("请登录后收藏!", "Login.aspx");
    }
    else
    {
        if (string.IsNullOrEmpty(this.CurrentId)) return;
        Product currentProduct = productBLL.FindById(this.CurrentId);
        UserInfo user = UIHelper.GetCurrentUser();
        //判断是否已收藏
        bool checkHaveFavorite = this.favoriteBLL.CheckHaveFavorite(user.Id, currentProduct.Id);
        if (checkHaveFavorite)
        {
            UICommon.Utility.ShowMessage("你已收藏了该商品!");
        }
        else
        {
            Favorite favorite = new Favorite();
            favorite.CollectTime = DateTime.Now;
            favorite.ProductId = currentProduct.Id;
            favorite.ProductName = currentProduct.Name;
            favorite.UserId = user.Id;
            favorite.ProductPrice = currentProduct.LocalPrice;
            favorite.ProductImagePath = this.lblImageUrl.Text;
            favoriteBLL.Insert(favorite);
        }
    }
}
```

7.6.1.2 BLL 层实现

1) 技术分析

通过调用用户信息数据访问对象(ProductDAL 类的实例)FindById 方法进行用户登录校验。

2) 实现过程

```
/// <summary>
/// 商品信息业务逻辑实现类
/// </summary>
public class ProductBLL
{
    /// <summary>
    /// 创建 DAL 对象
    /// </summary>
    private ProductDAL dal = new ProductDAL();

    /// <summary>
    /// 根据主键查找商品信息
    /// </summary>
    /// <param name="id">商品信息 Id</param>
    /// <returns>商品信息</returns>
    public Product FindById(string id)
    {
        return dal.FindById(id);
    }
}
```

7.6.1.3 DAL 层实现

1) 技术分析

通过调用 SqlHelper 对象(SqlHelper 类的实例)的 ExecuteDataTable 方法，然后通过 ConvertHelper 类的 ToModelList 方法将 DataTable 转换为实体类。

2) 实现过程

```
/// <summary>
/// 商品信息数据访问类
/// </summary>
public class ProductDAL
{
    /// <summary>
    /// 创建 SqlHelper 对象
```

```
///    </ summary >
private SqlHelper sqlHelper = new SqlHelper();


///   < summary >
///根据主键查找商品信息
///   </ summary >
///   < param name = "id" >商品信息 Id </ param >
///   < returns >商品信息 </ returns >
public Product FindById(string id)
{
    try
    {
        DataTable dt = sqlHelper.ExecuteDataTable("select * from T_Product where Id = @Id", new SqlParameter("@Id", id));
        IList < Product > list = ConvertHelper.ToModelList < Product > (dt);
        if (list.Count > 0)
        {
            return list[0];
        }
        else
        {
            throw new Exception("数据返回错误!");
        }
    }
    catch (Exception ex)
    {
        throw ex;
    }
    finally
    {
        sqlHelper.Close();
    }
}
```

7.6.2　会员中心

用户在注册后成为网站的会员,在登录后可以对本人的信息进行修改,可对商品进行收藏和加入购物车,填写核对订单信息,可以对订单进行管理。

7.6.2.1 会员中心首页

会员中心首页提供用户信息修改、购物车管理、收藏夹管理、个人订单管理等功能。界面效果图如图7-13所示。

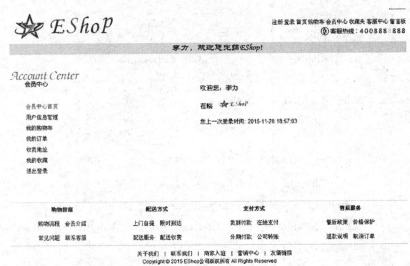

图7-13 会员中心首页

1) UI层实现

(1) 技术分析。

会员中心使用单独的母版页ACMaster.master，通过ASP.Net内置对象Cookie保存用户名，有效期默认为30天，使用ASP.Net内置对象Session来存放当前用户信息。

(2) 实现过程。

■ 母版页ACMaster.mater

```
<%@ Master Language = "C#" MasterPageFile = " ~/Main.Master" AutoEventWireup = "true" CodeBehind = "ACMaster.master.cs" Inherits = "UI.ACMaster" %>
<asp:Content ID = "Content1" ContentPlaceHolderID = "head" runat = "server">
<style type = "text/css">
/* - - 分页控件样式 - - 开始 */
.paginator{
font:11px Arial, Helvetica, sans - serif;
padding:10px 20px 10px 0;
margin:0px;
}
.paginator a{
padding:1px 6px;
border:solid 1px #ddd;
background:#fff;
text - decoration:none;
```

```css
margin-right:2px;
}
.paginator a:visited{
padding:1px 6px;
border:solid 1px #ddd;
background:#fff;
text-decoration:none;
}
.paginator.cpb{
padding:1px 6px;
font-weight:bold;
font-size:13px;
border:none
}
.paginator a:hover{
color:#fff;
background:#ffa501;
border-color:#ffa501;
text-decoration:none;
}
/*--分页控件样式--结束*/
</style>
</asp:Content>
<asp:Content ID="Content2" ContentPlaceHolderID="Content" runat="server">
  <div class="user_left">
    <div class="left_menu">
      <ul>
        <li><a onfocus="this.blur()" href="ACIndex.aspx" class="now">会员中心首页</a></li>
        <li><a onfocus="this.blur()" href="UserInfoManage.aspx">用户信息管理</a></li>
        <li><a onfocus="this.blur()" href="ShoppingList.aspx">我的购物车</a></li>
        <li><a onfocus="this.blur()" href="MyOrder.aspx">我的订单</a></li>
        <li><a onfocus="this.blur()" href="AddressManage.aspx">收货地址</a></li>
        <li><a onfocus="this.blur()" href="MyFavorite.aspx">我的收藏</a></li>
```

```
            <li>
                <asp:LinkButton ID="lbLogout" onfocus="this.blur()" runat="server"
                onclick="lbLogout_Click">退出登录</asp:LinkButton>
            </li>
        </ul>
    </div>
</div>
<div class="user_right">
    <asp:ContentPlaceHolder ID="ContentPlaceHolder1" runat="server">
    </asp:ContentPlaceHolder>
</div>
<div class="clear"></div>
</asp:Content>
```

■ 母版页 cs 文件

```csharp
public partial class ACMaster : System.Web.UI.MasterPage
{
    protected void Page_Load(object sender, EventArgs e)
    {
    }

    protected void lbLogout_Click(object sender, EventArgs e)
    {
        Session["CurrentUser"] = null;
        Session["ShoppingList"] = null;
        Response.Redirect("Index.aspx");
    }
}
```

■ 首页 aspx 页面

```
<%@ Page Title="" Language="C#" MasterPageFile="~/ACMaster.Master"
AutoEventWireup="true" CodeBehind="ACIndex.aspx.cs" Inherits="UI.ACIndex" %>
<asp:Content ID="Content1" ContentPlaceHolderID="ContentPlaceHolder1"
Runat="Server">
    <div class="user_right_body">
        <div class="tit"><span>会员中心首页</span></div>
        <div class="main">
            <div class="welcome">
                <div class="user_name">
                    <div><span></span>欢迎您:
                        <asp:Label ID="lblUserName"
```

```
                    runat = "server" Text = "" >
                </asp:Label>
            </div>
            <br />
            <div>莅临   
                <asp:Image ID = "Image1"
                runat = "server"
                ImageUrl = "Images/logo.gif"
                Height = "20px" />
            </div>
        </div>
        <br />
        <div class = "last_time">您上一次登录时间:
            <asp:Label ID = "lblLastTime"
            runat = "server" Text = "" >
            </asp:Label>   </div>
        </div>
    </div>
</asp:Content>
```

■ 首页后台 cs 文件

```
public partial class ACIndex : System.Web.UI.Page
{
    //创建用户信息业务逻辑实现类实例
    private UserInfoBLL userInfoBLL = new UserInfoBLL();

    protected void Page_Load(object sender, EventArgs e)
    {
        if(! UIHelper.CheckUserLogin())
        {
            UICommon.Utility.ShowMessage("对不起,请先登录!", "Login.aspx");
        }
        else
        {
            UserInfo user = UIHelper.GetCurrentUser();
            this.lblUserName.Text = user.UserName;
            if(user.LastLoginTime ! = null)
            {
                this.lblLastTime.Text = user.LastLoginTime.ToString();
```

```
                    }
                    user.LastLoginTime = DateTime.Now;
                    userInfoBLL.Update(user);
                }
            }
        }
```

2）BLL 层实现

见 7.4.1.2 节。

3）DAL 层实现

见 7.4.1.3 节。

7.6.2.2　我的购物车

会员通过购物车，可以暂时把挑选商品放入购物车，删除或更改购买数量，并对多个商品进行一次结款，是网上商城系统中快捷购物的工具。

界面效果图如图 7-14 所示。

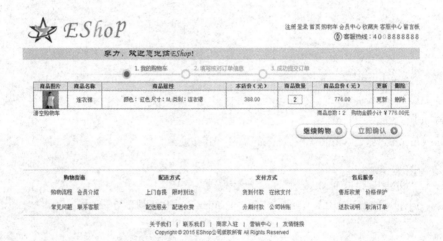

图 7-14　我的购物车界面

1）技术分析

主要通过 ASP.NET 的内置对象 Session 对购物车进行管理。

2）实现过程

■ 前台 aspx 页面

```
<%@ Page Title="" Language="C#" MasterPageFile="~/Main.Master"
AutoEventWireup="true" CodeBehind="ShoppingList.aspx.cs"
Inherits="UI.ShoppingList" %>
    <asp:Content ID="Content1" ContentPlaceHolderID="head" runat="server">
        <link href="Styles/xstlye.css" rel="stylesheet" type="text/css" />
        <style type="text/css">
```

```
.alk
{
    background-color:#f5e6ec;
}
.blkk
{
    border:0;
}
.text_center
{
text-align:center;
}
</style>
</asp:Content>
<asp:Content ID="Content2" ContentPlaceHolderID="Content" runat="server">
    <div class="shoplist">
        <div><img src="images/pay_setp_01.gif" /></div>
        <div style="text-align:center;color:#ff8888;font-size:14px;">
          <asp:Label ID="lblHint" runat="server" Text="您的购物车暂时还没有商品哦!" Visible="False"></asp:Label></div>
        <div style="text-align:center;">
          <asp:GridView ID="grvShoppingList" runat="server" Width="100%"
            AutoGenerateColumns="False" HeaderStyle-CssClass="alk"
            RowStyle-CssClass="blkk" onrowcommand="grvShoppingList_RowCommand"
            BorderStyle="None"
            onrowdeleting="grvShoppingList_RowDeleting" BorderWidth="0px"
            onrowupdated="grvShoppingList_RowUpdated" onrowupdating="grvShoppingList_RowUpdating"
            DataKeyNames="Id">
            <RowStyle CssClass="blkk"></RowStyle>
          <Columns>
            <asp:BoundField DataField="only" HeaderText="唯一" Visible="False" />
              <asp:TemplateField HeaderText="商品id" Visible="False">
              <ItemTemplate>
                <asp:Label ID="id"
        runat="server"
        Text='<%#Eval("ProductId") %>'>
        </asp:Label>
      </ItemTemplate>
```

```
                </asp:TemplateField>
                <asp:TemplateField HeaderText="商品图片">
                    <ItemTemplate>
                        <a href='ProductInfo.aspx?id=<%#Eval("ProductId") %>'>
                            <img src='<%#Eval("ProductImagePath") %>'
                                height="40px" width="40px"/>
                        </a>
                    </ItemTemplate>
                </asp:TemplateField>
                <asp:TemplateField HeaderText="商品名称">
                    <ItemTemplate>
                        <a href='ProductInfo.aspx?id=<%#Eval("ProductId") %>'>
                            <%#Eval("ProductName") %></a>
                    </ItemTemplate>
                </asp:TemplateField>
                <asp:TemplateField HeaderText="商品属性">
                    <ItemTemplate>
                        颜色:<asp:Label ID="color"
                            runat="server"
                            Text='<%#Eval("Color") %>'>
                        </asp:Label>,尺寸:
                        <asp:Label ID="size"
                            runat="server"
                            Text='<%#Eval("Size") %>'>
                        </asp:Label>,类别:<%#Eval("ProductCategory") %>
                    </ItemTemplate>
                </asp:TemplateField>
                <asp:BoundField DataField="LocalPrice"
                    DataFormatString="{0:#.00}"
                    HeaderText="本店价(元)" />
                <asp:TemplateField HeaderText="商品数量">
                    <ItemTemplate>
                        <asp:TextBox ID="txtBuyCount"
                            CssClass="text_center"
                            runat="server"
                            Width="30px"
                            Text='<%# Bind("BuyCount") %>'
                            ClientIDMode="Static">
                        </asp:TextBox>
```

```
            </ItemTemplate>
        </asp:TemplateField>
        <asp:BoundField DataField="TotalPrice"
DataFormatString="{0:#.00}"
HeaderText="商品总价(元)" />
        <asp:TemplateField HeaderText="更新" ShowHeader="False">
            <ItemTemplate>
            <asp:LinkButton ID="LinkButton2"
runat="server"
CausesValidation="False"
CommandName="Update"
Text="更新" CommandArgument='<%#Eval("Id") %>'>
            </asp:LinkButton>

            </ItemTemplate>
        </asp:TemplateField>
        <asp:TemplateField HeaderText="删除" ShowHeader="False">
            <ItemTemplate>
                <asp:LinkButton ID="LinkButton1"
                runat="server"
                CausesValidation="False"
                CommandName="Delete"
                Text="删除"
                OnClientClick="return confirm('您确定要删除吗？')"
                CommandArgument='<%#Eval("Id") %>'>
                </asp:LinkButton>
            </ItemTemplate>
        </asp:TemplateField>
    </Columns>
    <HeaderStyle CssClass="alk"></HeaderStyle>
  </asp:GridView>
</div>
<div style="float:right;">
  购物金额小计 ￥<asp:Label ID="lblTotalPrice" runat="server"
Text="0">
  </asp:Label>元
</div>
<div style="float:right;padding-right:15px;">
商品总数：<asp:Label ID="lblProductCount" runat="server"
```

```
                Text = "0" ></asp:Label>
            </div>
            <div>
                <asp:LinkButton ID = "clearpro" runat = "server"
                onclick = "ClearShoppingList_Click">清空购物车
                </asp:LinkButton>
            </div>
            <div style = " text-align:right; padding:15px;">
                <asp:ImageButton ID = "buy"
                runat = "server"
                ImageUrl = "images/but_buy_con.gif"
                onclick = "buy_Click"/>
                <asp:ImageButton ID = "pay"
                runat = "server"
                ImageUrl = "images/but_pay_now.gif"
                onclick = "pay_Click"/>
            </div>
        </div>
        <div style = "clear:both;"></div>
        <br/>
    <br/>
</asp:Content>
```

■ 后台 cs 文件

```
public partial class ShoppingList : System.Web.UI.Page
    {
        protected void Page_Load(object sender, EventArgs e)
        {
            if(! IsPostBack)
            {
                this.lblHint.Visible = false;
                this.LoadShoppingList();
            }
        }

        private void LoadShoppingList()
        {
            if(this.Session["ShoppingList"] ! = null)
            {
                IList<Shoppinglist> list = this.Session["ShoppingList"] as
```

```csharp
                IList < Shoppinglist > ;
                int productTotalCount = 0;
                decimal productTotalPrice = 0;
                foreach (Shoppinglist sl in list)
                {
                    productTotalCount + = sl. BuyCount;
                    productTotalPrice + = sl. TotalPrice;
                }
                this. lblProductCount. Text = productTotalCount. ToString( ) ;
                this. lblTotalPrice. Text = productTotalPrice. ToString( "#0. 00" ) ;
                Session[ "ProductTotalCount" ] = productTotalCount;
                Session[ "ProductTotalPrice" ] = productTotalPrice;
                this. grvShoppingList. DataSource = list;
                this. grvShoppingList. DataBind( ) ;
            }
        else
            {
                this. lblHint. Visible = true;
            }
    }

    protected void grvShoppingList_RowDeleting( object sender, GridViewDeleteEventArgs e)
    {

    }

    protected void grvShoppingList_RowUpdated( object sender, GridViewUpdatedEventArgs e)
    {

    }

    protected void grvShoppingList_RowUpdating( object sender, GridViewUpdateEventArgs e)
    {

    }

    protected void grvShoppingList_RowCommand( object sender,
```

```csharp
            GridViewCommandEventArgs e)
{
    string command = e.CommandName;
    string id = e.CommandArgument.ToString();
    IList<Shoppinglist> list = this.Session["ShoppingList"] as
    IList<Shoppinglist>;
    if (command == "Delete")  //从购物车中删除商品
    {
        foreach (Shoppinglist sl in list)
        {
            if (sl.Id == id)
            {
                list.Remove(sl);
                break;
            }
        }
        this.Session["ShoppingList"] = list;
        this.LoadShoppingList();
    }
    else if (command == "Update")  //更新购物车中商品的数量
    {
        foreach (Shoppinglist sl in list)
        {
            if (sl.Id == id)
            {
                //获取当前行
                GridViewRow gvr = (GridViewRow)((Control)e.CommandSource).Parent.Parent;
                int CurrentRowIndex = gvr.RowIndex;
                foreach (Control cr in grvShoppingList.Rows[CurrentRowIndex].Controls)
                {
                    TextBox txtBuyCount = (TextBox)cr.FindControl("txtBuyCount");
                    if (txtBuyCount != null)
                    {
                        int buyCount = 1;
                        int.TryParse(txtBuyCount.Text, out buyCount);
                        //更新购物车信息
```

```csharp
                    sl.BuyCount = buyCount;
                    sl.TotalPrice = sl.LocalPrice * buyCount;
                    break;
                }
            }
        }
        this.Session["ShoppingList"] = list;
        this.LoadShoppingList();
    }
}

protected void ClearShoppingList_Click(object sender, EventArgs e)
{
    this.lblHint.Visible = true;
    this.Session["ShoppingList"] = null;
    this.grvShoppingList.DataSource = null;
    this.grvShoppingList.DataBind();
    this.lblProductCount.Text = "0";
    this.lblTotalPrice.Text = "0.00";
}

protected void buy_Click(object sender, ImageClickEventArgs e)
{
    Response.Redirect("Index.aspx");
}

protected void pay_Click(object sender, ImageClickEventArgs e)
{
    if (this.lblHint.Visible)
    {
        UICommon.Utility.ShowMessage("您还没有购买商品,请至少选择一样商品!");
    }
    else
    {
        Response.Redirect("CheckOrderInfo.aspx");
    }
}
```

7.6.2.3 我的订单

会员在购物下单后形成订单,可以通过"我的订单"对购物情况进行完整跟踪。订单界面效果如图 7-15 所示。

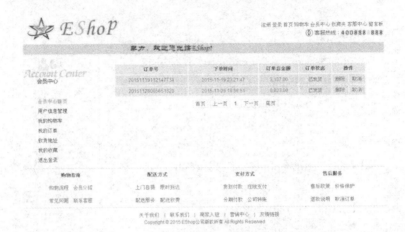

图 7-15 订单界面

订单明细界面效果如图 7-16 所示。

图 7-16 订单明细界面

1) UI 层实现

(1) 技术分析。

订单和订单明细页面采用使用母版页 ACMaster.master,通过数据显示控件 Repeater 和 GridView 控件展现列表数据。

(2) 实现过程。

■ 订单 aspx 页面

<%@ Page Title = " " Language = "C#" MasterPageFile = " ~/ACMaster.master" EnableEventValidation = "false" AutoEventWireup = "true" CodeBehind = "MyOrder.

```
aspx.cs" Inherits="UI.MyOrder" %>
<%@ Register assembly="AspNetPager" namespace="Wuqi.Webdiyer" tagprefix="webdiyer" %>


<asp:Content ID="Content1" ContentPlaceHolderID="ContentPlaceHolder1" Runat="Server">
  <div class="user_right_body">
    <div class="tit"><span>我的订单</span></div>
      <div class="main" style=" ">
        <table class="table center tab_x1">
          <tbody><tr class="tr_h">
            <td class="tab_l_width">订单号</td>
            <td>下单时间</td>
            <td>订单总金额</td>
            <td>订单状态</td>
            <td colspan="2">操作</td>
          </tr>
            <asp:Repeater ID="repOrderList" runat="server"
            onitemdatabound="repOrderList_ItemDataBound">
              <ItemTemplate>
                <tr class="tr_h">
            <td class="tab_l_width">
              <a href='MyOrderDetail.aspx?orderid=
                <%#Eval("Id")%>&orderno=<%#Eval("OrderNo")%>'>
                  <%#Eval("OrderNo")%>
              </a>
            </td>
            <td><%#Eval("OrderDate")%></td>
            <td><%#Eval("OrderTotalPrice","{0:N2}")%></td>
            <td><%#Eval("OrderState")%></td>
            <td>
                <asp:LinkButton ID="lbDelete" runat="server"
                  CommandName="Delete"
                  CommandArgument='<%#Eval("Id")%>'
                  oncommand="LinkButton_Command">删除
                </asp:LinkButton>
            </td>
            <td>
                <asp:LinkButton ID="lbCancel"
```

```
                        runat = "server"
                        CommandName = "Cancel"
                        CommandArgument = '<%#Eval("Id")%>'
                        oncommand = "LinkButton_Command" >取消
                        </asp:LinkButton>
                    </td>
                </tr>
            </ItemTemplate>
          </asp:Repeater>
        </tbody>
      </table>
      <div style = "text-align:center;" >
        <webdiyer:AspNetPager ID = "AspNetPager1" runat = "server"
          AlwaysShow = "True"
          CssClass = "paginator" CurrentPageButtonClass = "cpb"
          FirstPageText = "首页"
          LastPageText = "尾页" NextPageText = "下一页" PrevPageText = "上一页"
          onpagechanging = "AspNetPager1_PageChanging" >
        </webdiyer:AspNetPager>
      </div>
    </div>
  </div>
</asp:Content>
```

■ 订单后台 cs 文件

```
/// <summary>
///我的订单
/// </summary>
public partial class MyOrder : System.Web.UI.Page
{

    /// <summary>
    ///订单信息业务逻辑处理对象
    /// </summary>
    private OrderBLL orderBLL = new OrderBLL();

    protected void Page_Load(object sender, EventArgs e)
    {
        if (! UIHelper.CheckUserLogin())  //检查是否有登陆
        {
            Utility.ShowMessage("对不起，请先登陆!", "Login.aspx");
```

```csharp
        }
        else
        {
            if (!this.IsPostBack) //首次加载
            {
                //获取当前用户信息
                UserInfo ui = UIHelper.GetCurrentUser();
                if (ui != null)
                {
                    //获取订单总数,每页显示6条记录
                    SortedList queryInfo = new SortedList();
                    queryInfo["BuyerId"] = ui.Id;
                    int count = orderBLL.GetTotalCount(queryInfo);
                    this.AspNetPager1.RecordCount = count;
                    this.AspNetPager1.PageSize = 6;
                    this.LoadData();
                }
            }
        }
    }

    /// <summary>
    ///加载数据
    /// </summary>
    public void LoadData()
    {
        //获取当前用户
        UserInfo ui = UIHelper.GetCurrentUser();
        if (ui == null) return;

        //获取当前用户的订单信息
        SortedList queryInfo = new SortedList();
        queryInfo["BuyerId"] = ui.Id;
        queryInfo["recordStartIndex"] = AspNetPager1.StartRecordIndex;
        queryInfo["recordEndIndex"] = AspNetPager1.EndRecordIndex;
        IList<Order> list = orderBLL.FindList(queryInfo);

        //绑定列表
        repOrderList.DataSource = list;
```

```csharp
    repOrderList.DataBind();
}

/// <summary>
///分页控件进行分页
/// </summary>
protected void AspNetPager1_PageChanging(object src,
Wuqi.Webdiyer.PageChangingEventArgs e)
{
    AspNetPager1.CurrentPageIndex = e.NewPageIndex;
    this.LoadData();
}


/// <summary>
///删除和取消订单操作
/// </summary>
protected void LinkButton_Command(object sender, CommandEventArgs e)
{
    string id = e.CommandArgument.ToString();
    if (e.CommandName == "Delete")
    {
        this.orderBLL.Delete(id);
        Utility.ShowMessage("删除成功!", Request.Url.ToString());
    }
    else if (e.CommandName == "Cancel")
    {
        Order order = this.orderBLL.FindById(id);
        order.OrderState = "已取消";
        this.orderBLL.Update(order);
        Utility.ShowMessage("已成功取消订单!", Request.Url.ToString());
    }
}

protected void repOrderList_ItemDataBound(object sender, RepeaterItemEventArgs e)
{
    Order order = (Order)e.Item.DataItem;
    LinkButton lbDelete = e.Item.FindControl("lbDelete") as LinkButton;
    LinkButton lbCancel = e.Item.FindControl("lbCancel") as LinkButton;
    string orderState = order.OrderState;
```

```
            //根据订单状态(待支付、待发货、已发货、已取消、已结束)判断按钮是否
            可用
            if ( orderState == "待支付")
            {
                lbDelete.Enabled = true;
                lbCancel.Enabled = false;
            }
            else if ( orderState == "待发货")
            {
                lbDelete.Enabled = false;
                lbCancel.Enabled = true;
            }
            else if ( orderState == "已发货" || orderState == "已取消" ||
            orderState == "已结束")
            {
                lbDelete.Enabled = false;
                lbCancel.Enabled = false;
            }
        }
```

■ 订单明细 aspx 页面

```
<%@ Page Title="" Language="C#" MasterPageFile="~/ACMaster.master"
AutoEventWireup="true" CodeBehind="MyOrderDetail.aspx.cs" Inherits="
UI.MyOrderDetail" %>
<asp:Content ID="Content1" ContentPlaceHolderID="ContentPlaceHolder1"
Runat="Server">
<div>
<div>订单号: <asp:Label ID="lblOrderNo" runat="server" Text="Label">
</asp:Label></div>
  <div style="text-align:center;">
    <asp:GridView ID="grvOrderDetail" runat="server" Width="100%"
      AutoGenerateColumns="False">
      <Columns>
<asp:TemplateField HeaderText="商品图片">
    <ItemTemplate>
    <a href='ProductInfo.aspx?id=<%#Eval("ProductId") %>'>
      <asp:Image ID="Image1"
    runat="server"
      ImageUrl='<%#Eval("ProductImagePath") %>'
```

```
                    Height = "40px"
                    Width = "40px"/ >
                </a>
            </ItemTemplate>
        </asp:TemplateField>
        <asp:TemplateField HeaderText = "商品名称" >
            <ItemTemplate >
                <a href = 'ProductInfo.aspx? id = <%#Eval("ProductId") %>' >
                <%#Eval("ProductName") %>
                </a>
            </ItemTemplate>
        </asp:TemplateField>
        <asp:BoundField DataField = "Price"
    DataFormatString = "{0:#.00}"
    HeaderText = "商品价格" />
            <asp:BoundField DataField = "OrderNum" HeaderText = "商品数目" />
            <asp:TemplateField HeaderText = "商品总价" >
            <ItemTemplate >
            <asp:Label ID = "sumprice"
        runat = "server"
        Text = '<%#Eval("TotalPrice", "{0:N2}") %>'
            </asp:Label>
            </ItemTemplate>
        </asp:TemplateField>
        <asp:BoundField DataField = "Size" HeaderText = "商品尺寸" />
        <asp:BoundField DataField = "Color" HeaderText = "商品颜色" />
        <asp:BoundField DataField = "ProdcutCategoryName"
    HeaderText = "商品类别" />
        </Columns>
    </asp:GridView>
</div>
<div style = "float:right;" >
购物金额小计 ¥ <asp:Label ID = "wprice" runat = "server"
Text = "0" ></asp:Label>元
</div>
<div style = "float:right; padding-right:15px;" >商品总数:
    <asp:Label ID = "wholeprocount" runat = "server" Text = "0" ></asp:Label>
</div>
<br />
```

```
<div style="text-align:center;">
  <asp:Button ID="btnReturn"
  runat="server"
  Text="返回订单列表"
  onclick="btnReturn_Click"/>
</div>
</div>
</asp:Content>
```

■ 订单明细后台 cs 文件

```
/// <summary>
///我的订单明细
/// </summary>
public partial class MyOrderDetail : System.Web.UI.Page
{
    /// <summary>
    ///订单信息业务逻辑处理对象
    /// </summary>
    private OrderBLL orderBLL = new OrderBLL();

    protected void Page_Load(object sender, EventArgs e)
    {
        this.BindGridView();
        this.lblOrderNo.Text = Request.QueryString["orderno"].ToString();
        this.LoadTotalInfo();
    }


    /// <summary>
    ///绑定订单明细数据
    /// </summary>
    private void BindGridView()
    {
        if (Request.QueryString["orderid"] == null) return;
        IList<OrderDetail> list = orderBLL.FindOrderDetailList(Request.QueryString["orderid"].ToString());
        grvOrderDetail.DataSource = list;
        grvOrderDetail.DataBind();
    }

    /// <summary>
```

```csharp
///加载订单合计信息
/// </summary>
private void LoadTotalInfo()
{
    double wholeprice = 0;
    Label sumprice = new Label();
    wholeprocount.Text = grvOrderDetail.Rows.Count.ToString();
    for (int i = 0; i < grvOrderDetail.Rows.Count; i++)
    {
        sumprice = (Label)grvOrderDetail.Rows[i].FindControl("sumprice");
        wholeprice += Convert.ToDouble(sumprice.Text);
    }
    wprice.Text = wholeprice.ToString("#0.00");
}

/// <summary>
///返回订单列表
/// </summary>
protected void btnReturn_Click(object sender, EventArgs e)
{
    Response.Redirect("MyOrder.aspx");
}
```

2) BLL层实现

(1) 技术分析。

通过调用订单数据访问对象(OrderDAL类的实例)的FindList方法和FindOrderDetailList方法获取会员订单列表和订单明细列表,通过GetTotalCount方法获取会员订单数量。

(2) 实现过程。

```csharp
/// <summary>
/// 订单信息业务逻辑实现类
/// </summary>
public class OrderBLL
{
    /// <summary>
    ///创建DAL对象
    /// </summary>
    private OrderDAL dal = new OrderDAL();
```

```csharp
/// <summary>
///根据订单 Id 获取订单明细列表信息
/// </summary>
/// <param name="orderId">订单 Id</param>
/// <returns>订单明细列表</returns>
public IList<OrderDetail> FindOrderDetailList(string orderId)
{
    return dal.FindOrderDetailList(orderId);
}


/// <summary>
///获取满足条件的记录数
/// </summary>
/// <param name="queryInfo">条件参数</param>
/// <returns>满足条件的记录数</returns>
public int GetTotalCount(SortedList queryInfo)
{
    return dal.GetTotalCount(queryInfo);
}


/// <summary>
///获取满足条件的订单记录
/// </summary>
/// <param name="queryInfo">条件参数</param>
/// <returns>满足条件的订单记录</returns>
public IList<Order> FindList(SortedList queryInfo)
{
    return dal.FindList(queryInfo);
}
}
```

3）DAL 层实现

（1）技术分析。

通过调用 SqlHelper 对象（SqlHelper 类的实例）的 ExecuteDataTable 方法，然后通过 ConvertHelper 类的 ToModelList 方法将 DataTable 转换为实体类集合获取订单列表和订单明细列表信息。通过调用 ExecuteScalar 方法获取会员订单数量。

（2）实现过程。

```csharp
/// <summary>
/// 订单信息数据访问类
```

```csharp
///  </summary>
public class OrderDAL
{
    ///  <summary>
    ///根据订单Id获取订单明细列表信息
    ///  </summary>
    ///  <param name="orderId">订单Id</param>
    ///  <returns>订单明细列表</returns>
    public IList<OrderDetail> FindOrderDetailList(string orderId)
    {
        SqlHelper sqlHelper = new SqlHelper();
        try
        {
            DataTable dt = sqlHelper.ExecuteDataTable(@"select *
            from T_OrderDetail
            where OrderId = @OrderId",
            new SqlParameter("@OrderId", orderId));
            IList<OrderDetail> list = ConvertHelper.ToModelList<OrderDetail>(dt);
            return list;
        }
        catch (Exception ex)
        {
            throw ex;
        }
        finally
        {
            sqlHelper.Close();
        }
    }


    ///  <summary>
    ///获取满足条件的记录数
    ///  </summary>
    ///  <param name="queryInfo">条件参数</param>
    ///  <returns>满足条件的记录数</returns>
    public int GetTotalCount(SortedList queryInfo)
    {
        string strWhere;
        SqlParameter[] pars;
```

```csharp
        int recordStartIndex, recordEndIndex;
        ParamParseHelper.ParseParam(queryInfo, out strWhere, out pars,
        out recordStartIndex, out recordEndIndex);
        SqlHelper sqlHelper = new SqlHelper();
        try
        {
            return (int)sqlHelper.ExecuteScalar(@"select count(*)
            from T_Order
            Where 1 = 1 " + strWhere, pars);
        }
        catch (Exception ex)
        {
            throw ex;
        }
        finally
        {
            sqlHelper.Close();
        }
    }


    /// <summary>
    ///获取满足条件的订单记录
    /// </summary>
    /// <param name="queryInfo">条件参数</param>
    /// <returns>满足条件的订单记录</returns>
    public IList<Order> FindList(SortedList queryInfo)
    {
        string strSql, strWhere;
        SqlParameter[] pars;
        int recordStartIndex, recordEndIndex;
        ParamParseHelper.ParseParam(queryInfo,
        out strWhere,
        out pars,
        out recordStartIndex,
        out recordEndIndex);
        SqlHelper sqlHelper = new SqlHelper();
        try
        {
            if(recordStartIndex == -1 || recordEndIndex == -1) //不分页
```

```
                    strSql = @"select * from T_Order where 1 = 1 " + strWhere +
                    " order by OrderDate";
                }
                else //分页
                {
                    strSql = @"select *, ROW_NUMBER() over(order by
                     OrderDate) rnfrom T_Order
                    where 1 = 1 " + strWhere;
                    strSql = "select * from (" + strSql + ") v " +
                            " where rn between {0} and {1} order by OrderDate";
                    strSql = string.Format(strSql, recordStartIndex, recordEndIndex);
                }
                DataTable dt = sqlHelper.ExecuteDataTable(strSql, pars);
                return ConvertHelper.ToModelList<Order>(dt);
            }
            catch (Exception ex)
            {
                throw ex;
            }
            finally
            {
                sqlHelper.Close();
            }
        }
    }
```

7.6.3 后台管理

后台管理系统提供给管理员和商家使用，可以对商品类别、商品信息、订单信息等进行管理，提供统计报表对商品销售情况进行统计分析。

7.6.3.1 首页

首页主要提供操作导航，展现当前时间、当前用户和用户 IP 信息。界面效果图如图 7 – 17 所示。

1）技术分析

后台管理系统使用 jQuery EasyUI 实现页面整体布局、左侧导航菜单和 Tab 页签展现机制，在欢迎页中展现当前时间、当前用户和用户 IP 等信息。

2）实现过程

■ 首页 aspx 页面

```
<%@ Page Language="C#" AutoEventWireup="true" CodeBehind="Index.aspx.cs"
```

第 7 章 系统编码阶段

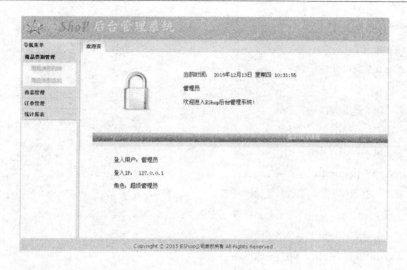

图 7-17 后台管理系统首页界面

```
Inherits = "UI.Admin.Index" %>

<!DOCTYPE html PUBLIC "-//W3C//DTD XHTML 1.0 Transitional//EN"
"http://www.w3.org/TR/xhtml1/DTD/xhtml1-transitional.dtd">

<html xmlns="http://www.w3.org/1999/xhtml">
<head runat="server">
    <title>EShop 后台管理系统</title>
    <link href="../Styles/easyui.css" rel="stylesheet" type="text/css" />
    <link href="../Styles/icon.css" rel="stylesheet" type="text/css" />
    <script src="../Scripts/jquery.js" type="text/javascript"></script>
    <script src="../Scripts/jquery.easyui.min.js" type="text/javascript"></script>
    <style type="text/css">
*{
font-size:12px;
}
body{
    font-family:verdana, helvetica, arial, sans-serif;
    padding:20px;
    font-size:12px;
    margin:0;
}
h2{
    font-size:18px;
```

```css
        font-weight:bold;
        margin:0;
        margin-bottom:15px;
}
/*超链接样式设置*/
    .xheader .xmenu{
        font-size:14px;
        text-decoration:none;
        /*在超链接之间增加间隔线*/
        border-right:1px solid #D9D9D9;
        margin-right:-2px;
        padding-right:5px;
        }
    .xheader a:link {color:#FFFFFF}
    .xheader a:visited {color:#00FF00}
    .xheader a:hover {color:#0000FF}
    .xheader a:active {color:#FF00FF}

    /*对导航栏菜单样式进行设置*/
    .navMenu{
        text-decoration:none;
        line-height:30px;
        text-align:center;
        padding-left:20px;
        font-size:13px;
        font-family:微软雅黑;
        color:#0099FF;
        }
</style>
<script type="text/javascript">
    $(function(){
        //默认显示欢迎页
        $("#tabs").tabs("add",{
            title:"欢迎页",
            content:getContent("/Admin/Welcome.aspx"),
            closable:false
        });

        //用户注销
```

```javascript
$("#logout").click(function(){
    var url = $(this).attr("url");
    $.ajax({
        type:"post",
        url:"/UserLogout.ashx",
        success:function(data){
            if(data=="ok"){
                window.location.href = "/Admin/Login.aspx";
            }
            else{
                alert("Session清空失败!");
            }
        }
    });
});

//绑定菜单事件
$(".navMenu").click(function(){
    var tabTitle = $(this).html();
    var url = $(this).attr("url");

    //判断tab页是否已打开
    var tabExists = $("#tabs").tabs("exists",tabTitle);
    if(tabExists){
        //如果已打开,选中tab并刷新
        $("#tabs").tabs("select",tabTitle);
        $('#mm-tabupdate').click();
        return;
    }

    //增加Tab页
    $("#tabs").tabs("add",{
        title:tabTitle,
        content:getContent(url),
        closable:true
    });
});
});
```

```
            //构造iframe,在iframe中展现url页面
            function getContent(url) {
                var strHtml = '<iframe src="' + url + '" scrolling="yes" width="100%" 
                height="100%" frameborder="0"></iframe>';
                return strHtml;
            }
    </script>
</head>
<body class="easyui-layout">
    <!--顶部区域-->
    <div data-options="region:'north',border:false" 
    style="height:56px;width:100%;overflow:hidden;">
        <table    class="xheader" 
        cellspacing="0"
        cellpadding="0"
        style=  "width:100%;
        height:56px;
        background-image:url(Images/HeaderBg.jpg);
        border:0;" >
            <tr>
                <td>
                    <img src="Images/logo.png" height="45px" width="auto" />
                </td>
                <td valign="bottom" align="right" >
                    <a id="logout" class="xmenu" href="javascript:void(0)"
                url="/Admin/Login.aspx" >注销
                    </a>  
                    <a class="xmenu" href="/Admin/Index.aspx" >返回首页</a>
                </td>
            </tr>
        </table>
    </div>
    <!--顶部区域结束-->
    
    <!--左侧区域-->
    <div data-options="region:'west',split:true,title:'导航菜单'"
    style="width:150px;padding:2px;" >
        <div class="easyui-accordion" style="height:auto;width:auto;" >
```

```html
    <div title="商品类别管理" data-options="selected:true"
      style="padding-left:2px;padding-right:2px;">
      <a class="navMenu"
      href="javascript:void(0)"
      url="/Admin/ProductCategoryList.aspx">
        商品类别列表
      </a>
      <br/>
      <a class="navMenu" href="javascript:void(0)"
      url="/Admin/ProductCategoryDetail.aspx">
        商品类别添加
      </a>
    </div>
    <div title="商品管理" style="padding-left:2px;padding-right:2px;">
      <a class="navMenu" href="javascript:void(0)"
      url="/Admin/ProductList.aspx">
        商品列表
      </a>
      <br/>
      <a class="navMenu" href="javascript:void(0)"
      url="/Admin/ProductDetail.aspx">
        商品添加
      </a>
    </div>
    <div title="订单管理" style="padding-left:2px;padding-right:2px;">
      <a class="navMenu" href="javascript:void(0)"
      url="/Admin/OrderList.aspx">
        订单列表
      </a>
    </div>
    <div title="统计报表" style="padding-left:2px;padding-right:2px;">
      <a class="navMenu" href="javascript:void(0)"
      url="/Admin/ProductSaleStat.aspx">
        商品销售统计
      </a>
    </div>
  </div>
 </div>
</div>
<!--左侧区域结束-->
```

```html
<!--内容显示区域-->
<div data-options="region:'center'" id="tabs" class="easyui-tabs">
</div>
<!--内容显示区域结束-->

<!--底部区域-->
<div data-options="region:'south',border:false" style="height:30px;background:#A9FACD;padding:10px;text-align:center;overflow:hidden;">
    Copyright &copy; 2015 EShop 公司版权所有 All Rights Reserved
</div>
<!--底部区域结束-->
</body>
</html>
```

■ 首页 cs 文件

```csharp
/// <summary>
/// EShop 后台管理系统首页
/// </summary>
public partial class Index : System.Web.UI.Page
{
    protected void Page_Load(object sender, EventArgs e)
    {
        //检查是否有登陆
        if (Session["AdminUser"] == null)
        {
            Utility.ShowMessage("对不起,请登录后台管理系统!");
            Response.Redirect("/Admin/Login.aspx");
        }
    }
}
```

■ UserLogout.ashx.cs 文件

```csharp
/// <summary>
///用户注销
/// </summary>
public class UserLogout : IHttpHandler, IRequiresSessionState
{
    public void ProcessRequest(HttpContext context)
    {
```

```
            context. Response. ContentType = "text/plain";
            context. Session. Remove("AdminUser");
            context. Response. Write("ok");
        }

        public bool IsReusable
        {
            get
            {
                return false;
            }
        }
}
```

7.6.3.2 商品类别管理

商品类别管理提供对商品类别信息的管理,可以新增、修改和删除商品类别信息。
商品类别列表界面效果如图 7-18 所示。

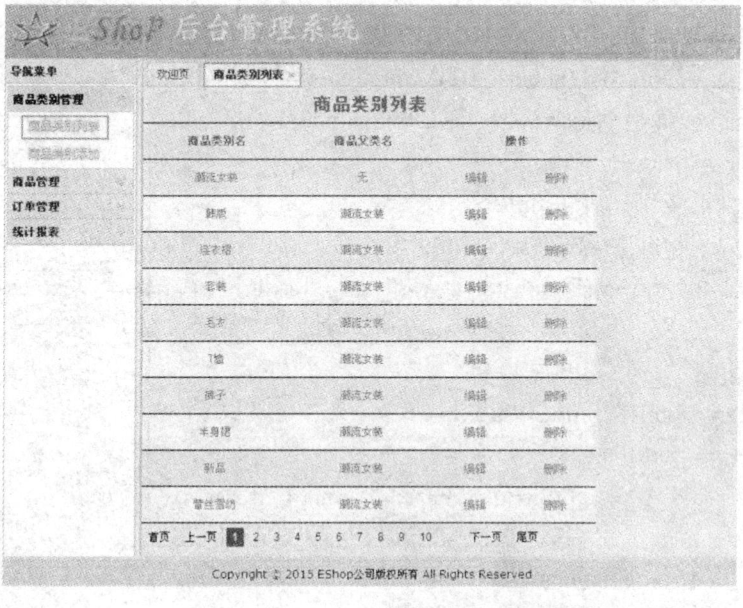

图 7-18 商品类别列表界面效果

商品类别详细页面效果如图 7-19 所示。
1) 技术分析
(1) 商品类别列表使用 Repeater 控件展示,采用第三方分页控件 AspNetPager 对数据进行分页;
(2) 为了方便获取父类别信息,通过 Sqlserver 中的视图(View)对查询语句进行了封装,

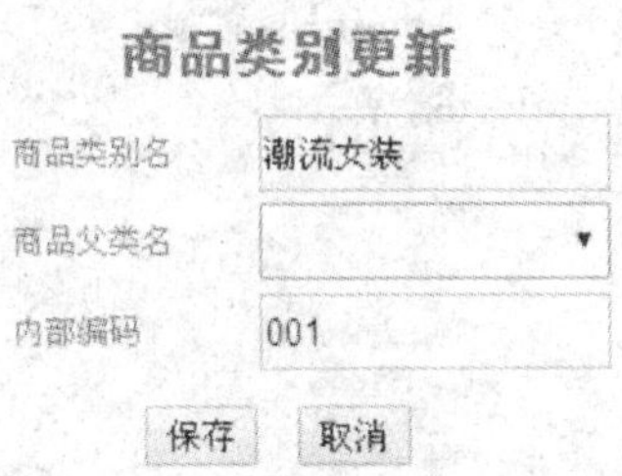

图7-19 商品类别详细页面效果

查询时直接返回父类别信息。

2）实现过程

■ 商品类别列表 aspx 页面

```
<%@ Page Language = "C#" AutoEventWireup = "true" CodeBehind = "
ProductCategoryList.aspx.cs" Inherits = "UI.Admin.ProductCategoryList" %>
<%@ Register Assembly = "AspNetPager" Namespace = "Wuqi.Webdiyer"
TagPrefix = "webdiyer" %>
<! DOCTYPE html PUBLIC " -//W3C//DTD XHTML 1.0 Transitional//EN"
"http://www.w3.org/TR/xhtml1/DTD/xhtml1 - transitional.dtd" >
<html xmlns = "http://www.w3.org/1999/xhtml" >
<head runat = "server" >
    <title >商品类别列表 </title >
    <link href = "/Styles/Style1.css" rel = "stylesheet" type = "text/css" />
    <link href = "/Styles/DataListStyle.css" rel = "stylesheet" type = "text/css" />
</head>
<body>
    <form id = "form1" runat = "server" >
    <div class = "content" >
    <asp:Repeater ID = "rptProductCategory" runat = "server"
            onitemcommand = "rptProductCategory_ItemCommand" >
        <HeaderTemplate >
        <! -- 显示头部 -- >
        <table class = "table" width = '500px' >
            <! -- table 头部声明 -- >
            <tr>
                <td colspan = "4" style = "text - align:center" >
                    <label class = "formtitle" >商品类别列表 </label>
                </td>
```

```
            </tr>
            <tr>
                <th>商品类别名</th>
                <th>商品父类名</th>
                <th colspan="2">操作</th>
            </tr>
        </HeaderTemplate>
        <ItemTemplate>
            <!--数据行-->
            <tr align="center">
                <td><%# Eval("CategoryName")%></td>
                <td><%# Eval("ParentCategoryName")%></td>
                <td>
                    <asp:LinkButton class="linkbutton" runat="server"
                    Text="编辑"
                    CommandName="Edit"
                    CommandArgument='<%# Eval("Id")%>'>
                    </asp:LinkButton>
                </td>
                <td>
                    <asp:LinkButton class="linkbutton"
                    runat="server"
                    Text="删除"
                    CommandName="Delete"
                    CommandArgument='<%# Eval("Id")%>'
                    OnClientClick="return confirmDelete()" >
                    </asp:LinkButton>
                </td>
            </tr>
        </ItemTemplate>
        <AlternatingItemTemplate>
            <!--交错行-->
            <tr class="alternating" align="center">
                <td><%# Eval("CategoryName")%></td>
                <td><%# Eval("ParentCategoryName")%></td>
                <td>
                    <asp:LinkButton class="linkbutton"
                    runat="server"
                    Text="编辑"
```

```
                        CommandName = "Edit"
                        CommandArgument = '<%# Eval("Id")%>'>
                        </asp:LinkButton>
                </td>
                <td>
                        <asp:LinkButton class = "linkbutton"
                        runat = "server"
                        Text = "删除"
                        CommandName = "Delete"
                        CommandArgument = '<%# Eval("Id")%>'
                        OnClientClick = "return confirmDelete()">
                        </asp:LinkButton>
                </td>
            </tr>
        </AlternatingItemTemplate>
        <FooterTemplate>                          <!--脚注行-->
            </table>                              <!--table尾-->
        </FooterTemplate>
    </asp:Repeater>
    <div class = "pageControl">
        <webdiyer:AspNetPager ID = "AspNetPager1" runat = "server"
            FirstPageText = "首页"
            LastPageText = "尾页" NextPageText = "下一页"
            CssClass = "pages" CurrentPageButtonClass = "cpb"
            PagingButtonSpacing = "0"
            onpagechanged = "AspNetPager1_PageChanged"
            PrevPageText = "上一页" >
        </webdiyer:AspNetPager>
    </div>
</div>
</form>
</body>
</html>
```

■ 商品类别列表 cs 文件

```
/// <summary>
///商品类别列表
/// </summary>
public partial class ProductCategoryList : System.Web.UI.Page
{
```

```csharp
//创建商品类别视图业务逻辑实现类实例
private VwProductCategoryBLL vwProductCategoryBLL = new VwProductCategoryBLL();

//创建商品类别业务逻辑实现类实例
private ProductCategoryBLL productCategoryBLL = new ProductCategoryBLL();

protected void Page_Load(object sender, EventArgs e)
{
    if (!this.IsPostBack)
    {
        this.AspNetPager1.RecordCount = vwProductCategoryBLL.GetTotalCount();
        this.BindData();
    }
}

/// <summary>
/// 绑定数据
/// </summary>
private void BindData()
{
    IList<VwProductCategory> list = vwProductCategoryBLL.FindPagedList(this.AspNetPager1.StartRecordIndex, this.AspNetPager1.EndRecordIndex);
    this.rptProductCategory.DataSource = list;
    this.rptProductCategory.DataBind();
}

/// <summary>
/// 数据操作(编辑和删除)
/// </summary>
protected void rptProductCategory_ItemCommand(object source, RepeaterCommandEventArgs e)
{
    string command = e.CommandName;
    string id = e.CommandArgument.ToString();
    if (command == "Edit")
    {
```

```csharp
                Response.Redirect("ProductCategoryDetail.aspx?id=" + id);
            }
            else if (command == "Delete")
            {
                productCategoryBLL.Delete(id);
                Response.Redirect(Request.Url.ToString());
            }
        }

        /// <summary>
        /// 数据分页
        /// </summary>
        protected void AspNetPager1_PageChanged(object sender, EventArgs e)
        {
            this.BindData();
        }
    }
```

■ 商品类别明细 aspx 页面

```aspx
<%@ Page Language="C#" AutoEventWireup="true"
    CodeBehind="ProductCategoryDetail.aspx.cs"
    Inherits="UI.Admin.ProductCategoryDetail" %>
<!DOCTYPE html PUBLIC "-//W3C//DTD XHTML 1.0 Transitional//EN"
"http://www.w3.org/TR/xhtml1/DTD/xhtml1-transitional.dtd">
<html xmlns="http://www.w3.org/1999/xhtml">
<head runat="server">
<title>商品类别明细</title>
    <style type="text/css">
    body{
      font:12px Arial, Helvetica, sans-serif;
      color:#666;
      line-height:18px;
      margin:0 auto;
      padding:0;
      }
      /*明细表格样式*/
      .bigTable
      {
          width:100%;
          height:200px;
```

```
        }
        .smallTable
        {
            width:100%;
            height:98px;
        }


        .formtitle
        {
            font-family:arial,黑体,serif;
            font-size:20px;
            font-weight:bolder;
            padding:0 0 0 40px;
        }

    </style>
</head>
<body>
    <form id="form1" runat="server">
        <div style="margin-top:10px; margin-left:10px; height:200px; width:300px;">
            <input id="id" type="hidden" runat="server" />
            <table class="bigTable">
            <tr>
             <td>
                    <label id="lblTitle" class="formtitle" runat="server"></label>
             </td>
            </tr>
            <tr>
             <td>
                    <table cellpadding="0" cellspacing="0" class="smallTable">
                        <tr>
                            <td>商品类别名</td>
                            <td>
                                <asp:TextBox ID="txtProductCategoryName"
                                runat="server"
                                Height="22px"
                                Width="127px">
                                </asp:TextBox>
                            </td>
```

```html
        </tr>
        <tr>
            <td>商品父类名</td>
            <td>
                <asp:DropDownList ID="ddlParentCategory"
                    runat="server"
                    DataTextField="Name"
                    DataValueField="Id"
                    Height="28px"
                    Width="131px"
                    AutoPostBack="True" >
                </asp:DropDownList>
            </td>
        </tr>
        <tr>
            <td>内部编码</td>
            <td>
                <asp:TextBox ID="txtInnerCode"
                    runat="server"
                    Height="22px"
                    Width="127px" >
                </asp:TextBox>
            </td>
        </tr>
    </table>
    </td>
</tr>
<tr>
    <td style="padding:0 0 0 50px;" >
        <asp:Button ID="btnSave" runat="server" Text="保存" onclick="btnSave_Click" />
           
        <asp:Button ID="btnCancel" runat="server" Text="取消"
            onclick="btnCancel_Click" />
    </td>
</tr>
<tr>
    <td style="text-align:center;" > </td>
</tr>
```

```
            </table>
        </div>
    </form>
</body>
</html>
```

■ 商品类别明细 cs 文件

```csharp
///  <summary>
///商品类别明细
///  </summary>
public partial class ProductCategoryDetail : System.Web.UI.Page
{
    //创建商品类别业务逻辑实现类实例
    private ProductCategoryBLL productCategoryBLL = new ProductCategoryBLL();

    //当前商品类别 Id
    private string CurrentId
    {
        get
        {
            return this.id.Value;
        }
    }

    protected void Page_Load(object sender, EventArgs e)
    {
        if (! this.IsPostBack)
        {
            this.ddlParentCategory.DataSource =
            productCategoryBLL.FindListForTopLevel();
            this.ddlParentCategory.DataBind();
            ListItem item = new ListItem("", "");
            this.ddlParentCategory.Items.Insert(0, item);

            if (Request["id"] != null)
            {
                this.lblTitle.InnerText = "商品类别更新";
                this.id.Value = Request["id"].ToString();
                this.LoadData();
            }
```

```csharp
            else
            {
                this.lblTitle.InnerText = "商品类别添加";
            }
        }
    }

    /// <summary>
    /// 加载数据
    /// </summary>
    private void LoadData()
    {
        ProductCategory obj = productCategoryBLL.FindById(this.CurrentId);
        this.txtProductCategoryName.Text = obj.Name;
        this.ddlParentCategory.SelectedValue = obj.ParentId;
        this.txtInnerCode.Text = obj.InnerCode;
    }

    /// <summary>
    /// 保存数据
    /// </summary>
    private void SaveData()
    {
        string currentId = this.CurrentId;
        ProductCategory obj = new ProductCategory();
        obj.Name = this.txtProductCategoryName.Text;
        obj.ParentId = this.ddlParentCategory.SelectedValue;
        obj.InnerCode = this.txtInnerCode.Text;
        if (string.IsNullOrWhiteSpace(currentId))
        {
            productCategoryBLL.Insert(obj);
        }
        else
        {
            obj.Id = currentId;
            productCategoryBLL.Update(obj);
        }
    }
```

```csharp
/// <summary>
///保存
/// </summary>
protected void btnSave_Click(object sender, EventArgs e)
{
    //在编辑时，检查父类别是否为当前类别
    if (!string.IsNullOrWhiteSpace(this.CurrentId) &&
        this.ddlParentCategory.SelectedValue == this.CurrentId)
    {
        Utility.ShowMessage("父类别不能同当前类别相同，请重新选择！");
        return;
    }

    //保存数据
    this.SaveData();
    Response.Redirect("ProductCategoryList.aspx");
}

/// <summary>
///取消
/// </summary>
protected void btnCancel_Click(object sender, EventArgs e)
{
    Response.Redirect("ProductCategoryList.aspx");
}
```

7.6.3.3 商品管理

商品管理提供对商品信息的管理，可以新增、修改和删除商品信息，也可以上传商品图片。

商品列表界面效果如图7-20所示。

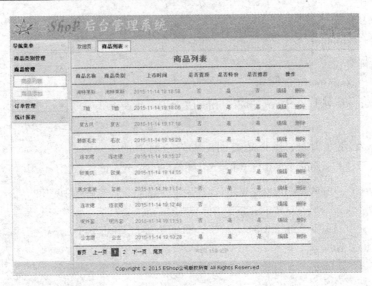

图 7-20 商品列表界面

商品详细页面效果如图 7-21 所示。

图 7-21 商品详细界面

1)技术分析

商品列表使用 Repeater 控件展示,采用第三方分页控件 AspNetPager 对数据进行分页,商品详细页面采用 FileUpload 控件上传商品图片并自动生成缩略图。

2)实现过程

■ 商品列表 aspx 页面

```
<%@ Page Language="C#" AutoEventWireup="true" CodeBehind="ProductList.aspx.cs" Inherits="UI.Admin.ProductList" %>
<%@ Register Assembly="AspNetPager" Namespace="Wuqi.Webdiyer" TagPrefix="webdiyer" %>
<!DOCTYPE html PUBLIC "-//W3C//DTD XHTML 1.0 Transitional//EN" "http://www.w3.org/TR/xhtml1/DTD/xhtml1-transitional.dtd">
<html xmlns="http://www.w3.org/1999/xhtml">
<head runat="server">
    <title>商品列表</title>
    <link href="/Styles/Style1.css" rel="stylesheet" type="text/css" />
    <link href="/Styles/DataListStyle.css" rel="stylesheet" type="text/css" />
</head>
<body>
    <form id="form1" runat="server">
    <div class="content">
    <asp:Repeater ID="rptProduct" runat="server"
        onitemcommand="rptProduct_ItemCommand">
    <HeaderTemplate>                            <!--显示头部-->
        <table class="table">                   <!--table 头部声明-->
            <tr>
                <td colspan="8" style="text-align:center">
                    <label class="formtitle">商品列表</label>
                </td>
            </tr>
            <tr>
                <th>商品名称</th>
                <th>商品类别</th>
                <th>上市时间</th>
                <th>是否置顶</th>
                <th>是否特价</th>
                <th>是否推荐</th>
                <th colspan="2">操作</th>
            </tr>
    </HeaderTemplate>
```

```
<ItemTemplate>                           <!--数据行-->
    <tr align="center">
      <td><%# Eval("Name")%></td>
      <td><%# UI.UIHelper.ToCategoryName(Eval("CategoryId").
ToString())%></td>
      <td><%# Eval("ReleaseTime")%></td>
      <td><%# UICommon.Utility.ToString(Eval("IsTop"))%></td>
      <td><%# UICommon.Utility.ToString(Eval("IsSpecialPrice"))%>
</td>
      <td><%# UICommon.Utility.ToString(Eval("IsRecommend"))%>
</td>
      <td>
        <asp:LinkButton ID="LinkButton1" class="linkbutton"
          runat="server"
          Text="编辑"
          CommandName="Edit"
          CommandArgument='<%# Eval("Id")%>'>
        </asp:LinkButton>
      </td>
      <td>
        <asp:LinkButton ID="LinkButton2" class="linkbutton"
          runat="server"
          Text="删除"
          CommandName="Delete"
          CommandArgument='<%# Eval("Id")%>'
          OnClientClick="return confirmDelete()">
        </asp:LinkButton>
      </td>
    </tr>
</ItemTemplate>
<AlternatingItemTemplate>                <!--交错行-->
    <tr class="alternating" align="center">
      <td><%# Eval("Name")%></td>
      <td><%#
UI.UIHelper.ToCategoryName(Eval("CategoryId").ToString())%
></td>
      <td><%# Eval("ReleaseTime")%></td>
      <td><%# UICommon.Utility.ToString(Eval("IsTop"))%></td>
      <td><%# UICommon.Utility.ToString(Eval("IsSpecialPrice"))%></td>
```

```
            <td><%# UICommon.Utility.ToString(Eval("IsRecommend"))%></td>
            <td>
                <asp:LinkButton ID="LinkButton1" class="linkbutton"
                    runat="server"
                    Text="编辑"
                    CommandName="Edit"
                    CommandArgument='<%# Eval("Id")%>'>
                </asp:LinkButton>
            </td>
            <td>
                <asp:LinkButton ID="LinkButton2" class="linkbutton"
                    runat="server"
                    Text="删除"
                    CommandName="Delete"
                    CommandArgument='<%# Eval("Id")%>'
                    OnClientClick="return confirmDelete()">
                </asp:LinkButton>
            </td>
        </tr>
    </AlternatingItemTemplate>
    <FooterTemplate>                    <!--脚注行-->
</table>                                <!--table 尾-->
</FooterTemplate>
</asp:Repeater>
<div class="pageControl" style="width:500px;">
    <webdiyer:AspNetPager ID="AspNetPager1" runat="server"
    FirstPageText="首页"
    LastPageText="尾页" NextPageText="下一页"
    CssClass="pages" CurrentPageButtonClass="cpb" PagingButtonSpacing="0"
    onpagechanged="AspNetPager1_PageChanged"
    PrevPageText="上一页" AlwaysShow="True"
    CustomInfoHTML="共%PageCount%页 %RecordCount%条记录"
    ShowCustomInfoSection="Right">
    </webdiyer:AspNetPager>
    </div>
    </div>
    </form>
    </body>
</html>
```

■ 商品列表 cs 文件

```csharp
/// <summary>
///商品列表
/// </summary>
public partial class ProductList : System.Web.UI.Page
{
    //创建商品业务逻辑实现类实例
    private ProductBLL productBLL = new ProductBLL();

    //创建商品类别业务逻辑实现类实例
    private ProductCategoryBLL productCategoryBLL = new ProductCategoryBLL();

    protected void Page_Load(object sender, EventArgs e)
    {
        if (!this.IsPostBack)
        {
            this.AspNetPager1.RecordCount =
                productBLL.GetTotalCount(new SortedList());
            this.BindData();
        }
    }

    /// <summary>
    ///绑定数据
    /// </summary>
    private void BindData()
    {
        SortedList queryInfo = new SortedList();
        queryInfo["recordStartIndex"] = this.AspNetPager1.StartRecordIndex;
        queryInfo["recordEndIndex"] = this.AspNetPager1.EndRecordIndex;
        this.rptProduct.DataSource = productBLL.FindList(queryInfo);
        this.rptProduct.DataBind();
    }

    protected void rptProduct_ItemCommand(object source,
        RepeaterCommandEventArgs e)
    {
        string command = e.CommandName;
        string id = e.CommandArgument.ToString();
```

```
            if (command == "Edit")
            {
                Response.Redirect("ProductDetail.aspx?id=" + id);
            }
            else if (command == "Delete")
            {
                productBLL.Delete(id);
                Response.Redirect(Request.Url.ToString());
            }
        }

        protected void AspNetPager1_PageChanged(object sender, EventArgs e)
        {
            this.BindData();
        }
    }
```

■ 商品详细 aspx 页面

```
<%@ Page Language="C#" AutoEventWireup="true" CodeBehind="
ProductDetail.aspx.cs" Inherits="UI.Admin.ProductDetail" %>
<!DOCTYPE html PUBLIC "-//W3C//DTD XHTML 1.0 Transitional//EN"
"http://www.w3.org/TR/xhtml1/DTD/xhtml1-transitional.dtd">
<html xmlns="http://www.w3.org/1999/xhtml">
<head runat="server">
    <title>商品明细</title>
    <link href="/Styles/Style1.css" rel="stylesheet" type="text/css" />
    <style type="text/css">
    .dropdownlist
    {
        width:155px;
        height:29px;
    }

    td{ height:30px;}

    #tabProductDetail *
    {
        line-height:25px; /*行间距*/
    }
    .formtitle
```

```css
    font-family: arial, 黑体, serif;
    font-size: 20px;
    font-weight: bolder;
    padding: 0 0 0 150px;
}

.btnSave
{
    margin-left: 50px;
}
/* table 行间距 */
table
{
    border-collapse: separate;
    border-spacing: 5px;
}
</style>
</head>
<body>
  <form id="form1" runat="server">
    <input id="id" type="hidden" runat="server" />
    <input id="imageid" type="hidden" runat="server" />
    <div style="margin:0 auto;padding-left:20px;">
      <table cellspacing="1" cellpadding="1" width="480" border="0"
        id="tabProductDetail">
        <tr>
          <td>
            <label id="lblTitle" class="formtitle" runat="server"></label>
          </td>
        </tr>
        <tr>
          <td style="width: 478px">
            <table cellspacing="0" cellpadding="0" width="95%" align=
        "center" border="0" >
              <tr>
                <td align="left" style="font-family:宋体;font-size:9pt;">
                  商品大类
                </td>
```

```
        <td style="width:359px">
          <asp:DropDownList id="ddlBigCategory"
        runat="server"
        AutoPostBack="True"
        CssClass="dropdownlist"
        onselectedindexchanged="ddlBigCategory_SelectedIndexChanged">
          </asp:DropDownList>
        </td>
      </tr>
      <tr>
        <td align="left" style="font-family:宋体;font-size:9pt;">
          商品小类
        </td>
        <td style="width:359px">
          <asp:DropDownList id="ddlSmallCategory"
        runat="server"
        AutoPostBack="True"
        CssClass="dropdownlist">
          </asp:DropDownList>
        </td>
      </tr>
      <tr>
        <td align="left" width="80" style="font-family:宋体;font-size:9pt;">
          商品名称<font color="red">*</font>
        </td>
        <td style="width:359px">
          <asp:textbox id="txtName"
        runat="server"></asp:textbox>
          <asp:RequiredFieldValidator ID="rfvName" runat="server"
        ErrorMessage="输入不能为空!"
        ControlToValidate="txtName"
        ForeColor="Red">输入不能为空!
          </asp:RequiredFieldValidator>
        </td>
      </tr>
      <tr>
        <td align="left" height="19" style="font-family:宋体;font-size:
```

```
                    9pt;" >
                        市场价格<font color = "red"> * </font>
                    </td>
                    <td colspan = "3" height = "19">
                        <asp:textbox id = "txtMarketPrice"
                        runat = "server"></asp:textbox>
                        <asp:RequiredFieldValidator ID = "rfvMarketPrice" runat = "server"
                        ErrorMessage = "输入不能为空!"
                        ControlToValidate = "txtMarketPrice"
                        ForeColor = "Red" >输入不能为空!
                        </asp:RequiredFieldValidator>
                    </td>
                </tr>
                <tr>
                    <td align = "left" style = "font-family:宋体; font-size:9pt;" >
                        本站价格<font color = "red"> * </font>
                    </td>
                    <td colspan = "3" >
                        <asp:textbox id = "txtLocalPrice"
                        runat = "server" ></asp:textbox>
                          <asp:RequiredFieldValidator ID = "rfvLocalPrice"
                        runat = "server"
                        ErrorMessage = "输入不能为空!"
                        ControlToValidate = "txtLocalPrice"
                            ForeColor = "Red" >输入不能为空!
                        </asp:RequiredFieldValidator>
                    </td>
                </tr>
                <tr>
                    <td align = "left" style = "font-family:宋体; font-size:9pt;" >
                        是否推荐
                    </td>
                        <td colspan = "3" style = "height:20px" >
                            <asp:checkbox id = "ccbIsRecommend"
                            runat = "server"
                            Checked = "True"
                            AutoPostBack = "True" >
                            </asp:checkbox>
                        </td>
```

```
          </tr>
          <tr>
            <td align="left" style="font-family:宋体;font-size:9pt;">
              是否置顶
            </td>
            <td colspan="3">
              <asp:checkbox id="ccbIsTop"
              runat="server"
              Checked="True"
              AutoPostBack="True">
              </asp:checkbox>
            </td>
          </tr>
          <tr>
            <td align="left" style="font-family:宋体;font-size:9pt;">
              是否特价
            </td>
            <td colspan="3">
              <asp:checkbox id="ccbIsSpecialPrice"
              runat="server"
              Checked="True"
              AutoPostBack="True">
              </asp:checkbox>
            </td>
          </tr>
          <tr>
            <td align="left" style="font-family:宋体;font-size:9pt;">
              选择图片
            </td>
            <td colspan="3">
              <asp:FileUpload ID="FileUpload1" runat="server"/>
              <asp:ImageButton ID="btnUploadFile"
              runat="server" Height="18px"
              ImageUrl="~/Admin/Images/btnUploadFile.jpg"
              CausesValidation="False"
              onclick="btnUploadFile_Click"/>
            </td>
          </tr>
```

```
            <tr>
                <td align="left" style="font-family:宋体;font-size:9pt;">
                    图片预览
                </td>
                    <td colspan="3">
                        <asp:Image ID="ImgUpload"
                    runat="server"
                    BorderWidth="1px"
                    Height="200px"
                    Width="254px"
                    AlternateText="上传后显示的图片" />
                    </td>
            </tr>
            <tr>
                <td align="left" style="font-family:宋体;font-size:9pt;">
                    商品说明<font color="red">*</font>
                </td>
                <td style="width:359px;height:91px;padding-top:5px;">
                    <asp:textbox id="txtRemark"
                    runat="server"
                    Width="254px"
                    Height="89px"
                    TextMode="MultiLine">
                    </asp:textbox>
                    <asp:RequiredFieldValidator ID="rfvRemark"
                    runat="server"
                    ErrorMessage="输入不能为空!"
                    ControlToValidate="txtRemark" ForeColor="Red">
                        输入不能为空!
                    </asp:RequiredFieldValidator>
                </td>
            </tr>
          </table>
        </td>
      </tr>
    </table>

</div>
<div>
```

```
        <asp:button id="btnSave"
        class="button"
        runat="server"
        Text="保存"
        onclick="btnSave_Click"
        CssClass="btnSave"
        Height="30px"
        Width="50px" >
        </asp:button>
         
        <button id="btnCancel"
        class="button"
        style="width:50px;height:30px;"
        onclick="javascript:window.location.href='/Admin/ProductList.aspx'" >取消
        </button>
        <br />
      <br />
    </div>
  </form>
</body>
</html>
```

■ 商品详细 cs 文件

```
/// <summary>
///商品明细信息
/// </summary>
public partial class ProductDetail : System.Web.UI.Page
{
    //创建商品类别业务逻辑实现类实例
    private ProductCategoryBLL productCategoryBLL = new ProductCategoryBLL();

    //创建商品业务逻辑实现类实例
    private ProductBLL productBLL = new ProductBLL();

    //创建附件业务逻辑实现类实例
    private AttachmentInfoBLL attachmentInfoBLL = new AttachmentInfoBLL();

    //当前商品 Id
    private string CurrentId
    {
```

```csharp
            get
            {
                return this.id.Value;
            }
        }

        protected void Page_Load(object sender, EventArgs e)
        {
            if (!this.IsPostBack)
            {
                this.BindProductCategory(this.ddlBigCategory,
                    productCategoryBLL.FindListForTopLevel());
                if (Request["id"] != null)
                {
                    this.lblTitle.InnerText = "商品更新";
                    this.id.Value = Request["id"].ToString();
                    this.LoadData();
                }
                else
                {
                    this.lblTitle.InnerText = "商品添加";
                    this.ddlBigCategory_SelectedIndexChanged(null, null);
                }
            }
        }

        /// <summary>
        ///加载数据
        /// </summary>
        private void LoadData()
        {
            Product obj = productBLL.FindById(this.CurrentId);
            this.txtName.Text = obj.Name;
            this.ddlBigCategory.SelectedValue = UIHelper.GetParentId(obj.CategoryId);
            this.ddlBigCategory_SelectedIndexChanged(null, null);
            this.ddlSmallCategory.SelectedValue = obj.CategoryId;
            this.txtLocalPrice.Text = obj.LocalPrice.ToString("f2");
            this.txtMarketPrice.Text = obj.MarketPrice.ToString("f2");
            this.ccbIsTop.Checked = obj.IsTop;
```

```csharp
            this.ccbIsSpecialPrice.Checked = obj.IsSpecialPrice;
            this.ccbIsRecommend.Checked = obj.IsRecommend;
            this.imageid.Value = obj.AttachementId;
            if (!string.IsNullOrEmpty(obj.AttachementId))
            {
                this.ImgUpload.ImageUrl = UIHelper.GetImagePath(obj.AttachementId);
            }
            this.txtRemark.Text = obj.Remark;
}

/// <summary>
///保存数据
/// </summary>
private void SaveData()
{
    if (string.IsNullOrEmpty(this.imageid.Value))
    {
        Utility.ShowMessage("请先上传商品图片!");
        return;
    }
    string currentId = this.CurrentId;
    Product obj = new Product();
    obj.CategoryId = this.ddlSmallCategory.SelectedValue;
    obj.Name = this.txtName.Text;
    obj.LocalPrice = Convert.ToDecimal(this.txtLocalPrice.Text);
    obj.MarketPrice = Convert.ToDecimal(this.txtMarketPrice.Text);
    obj.IsRecommend = this.ccbIsRecommend.Checked;
    obj.IsSpecialPrice = this.ccbIsSpecialPrice.Checked;
    obj.IsTop = this.ccbIsTop.Checked;
    obj.Remark = this.txtRemark.Text;
    obj.ReleaseTime = DateTime.Now;
    obj.AttachementId = this.imageid.Value;
    if (string.IsNullOrWhiteSpace(currentId))
    {
        productBLL.Insert(obj);
    }
    else
    {
        obj.Id = currentId;
```

```csharp
        productBLL.Update(obj);
    }
}

/// <summary>
/// 绑定商品类别
/// </summary>
private void BindProductCategory(DropDownList ddl, object dataSource)
{
    ddl.DataValueField = "Id";
    ddl.DataTextField = "Name";
    ddl.DataSource = dataSource;
    ddl.DataBind();
}

//检查文件扩展名是否有效
private bool CheckFileExt(string fileExt)
{
    fileExt = fileExt.ToLower();
    if (fileExt == ".jpg" ||
        fileExt == ".bmp" ||
        fileExt == ".gif" ||
        fileExt == ".jpeg" ||
        fileExt == ".png")
        return true;
    else
        return false;
}

protected void ddlBigCategory_SelectedIndexChanged(object sender, EventArgs e)
{
    string selValue = this.ddlBigCategory.SelectedValue;
    if (!string.IsNullOrEmpty(selValue))
    {
        var list = productCategoryBLL.FindListByParentId(selValue);
        this.BindProductCategory(this.ddlSmallCategory, list);
    }
```

```csharp
protected void btnUploadFile_Click(object sender, ImageClickEventArgs e)
{
    if (! this.FileUpload1.HasFile)
    {
        Utility.ShowMessage("请选择图片!");
        return;
    }

    string filePath = FileUpload1.PostedFile.FileName;
    string fileExt = System.IO.Path.GetExtension(filePath);

    //检查文件扩展名是否有效
    if (this.CheckFileExt(fileExt))
    {
        string fileName = DateTime.Now.ToString("yyyyMMddhhmmssfff");
        string imgPath = "/UploadFiles/" + fileName + fileExt;
        string webImgPath = Server.MapPath(imgPath);
        string webSmallImgPath =
        Server.MapPath("/UploadFiles/" + fileName + "_small" +
         fileExt);
        FileUpload1.PostedFile.SaveAs(webImgPath);
        //生成缩略图
        this.MakeThumbnail(webImgPath, webSmallImgPath, 180, 220, "Cut");
        this.ImgUpload.ImageUrl = imgPath;

        AttachmentInfo ai = new AttachmentInfo();
        ai.Id = Guid.NewGuid().ToString();
        ai.Name = fileName;
        ai.Path = imgPath;
        attachmentInfoBLL.Insert(ai);
        this.imageid.Value = ai.Id;
        Utility.ShowMessage("文件上传成功!");
    }
    else
    {
        Utility.ShowMessage("文件格式不正确!");
    }
}
```

```csharp
protected void btnSave_Click(object sender, EventArgs e)
{
    if (!Page.IsValid) return;
    this.SaveData();
    Response.Redirect("ProductList.aspx");
}

/// <summary>
/// 生成缩略图
/// </summary>
/// <param name="originalImagePath">源图路径(物理路径)</param>
/// <param name="thumbnailPath">缩略图路径(物理路径)</param>
/// <param name="width">缩略图宽度</param>
/// <param name="height">缩略图高度</param>
/// <param name="mode">生成缩略图的方式</param>
private void MakeThumbnail(string originalImagePath,
    string thumbnailPath,
    int width,
    int height,
    string mode)
{
    System.Drawing.Image originalImage =
    System.Drawing.Image.FromFile(originalImagePath);

    int towidth = width;
    int toheight = height;

    int x = 0;
    int y = 0;
    int ow = originalImage.Width;
    int oh = originalImage.Height;

    switch (mode)
    {
        case "HW"://指定高宽缩放(可能变形)
            break;
        case "W"://指定宽,高按比例
            toheight = originalImage.Height * width / originalImage.Width;
```

```
            break;
        case "H"://指定高,宽按比例
            towidth = originalImage.Width * height / originalImage.Height;
            break;
        case "Cut"://指定高宽裁减(不变形)
            if ((double)originalImage.Width / (double)originalImage.Height > (double)towidth / (double)toheight)
            {
                oh = originalImage.Height;
                ow = originalImage.Height * towidth / toheight;
                y = 0;
                x = (originalImage.Width - ow) / 2;
            }
            else
            {
                ow = originalImage.Width;
                oh = originalImage.Width * height / towidth;
                x = 0;
                y = (originalImage.Height - oh) / 2;
            }
            break;
        default:
            break;
    }

//新建一个bmp图片
System.Drawing.Image bitmap = new System.Drawing.Bitmap(towidth, toheight);

//新建一个画板
System.Drawing.Graphics g = System.Drawing.Graphics.FromImage(bitmap);

//设置高质量插值法
g.InterpolationMode = System.Drawing.Drawing2D.InterpolationMode.High;

//设置高质量,低速度呈现平滑程度
g.SmoothingMode = System.Drawing.Drawing2D.SmoothingMode.HighQuality;

//清空画布并以透明背景色填充
```

```
        g.Clear(System.Drawing.Color.Transparent);

    //在指定位置并且按指定大小绘制原图片的指定部分
        g.DrawImage(originalImage, new System.Drawing.Rectangle(0, 0,
        towidth, toheight),
        new System.Drawing.Rectangle(x, y, ow, oh),
        System.Drawing.GraphicsUnit.Pixel);

        try
        {
            //以jpg格式保存缩略图
            bitmap.Save(thumbnailPath, System.Drawing.Imaging.
            ImageFormat.Jpeg);
        }
        catch(System.Exception e)
        {
            throw e;
        }
        finally
        {
            originalImage.Dispose();
            bitmap.Dispose();
            g.Dispose();
        }
    }
}
```

7.6.3.4 订单管理

商家通过订单管理功能对会员的订单进行处理,可以更改订单的状态为发货、取消或者结束。

订单列表界面效果如图7-22所示。

图 7-22 订单列表界面

订单详细信息界面效果如图 7-23 所示。

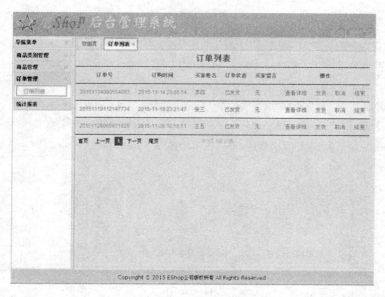

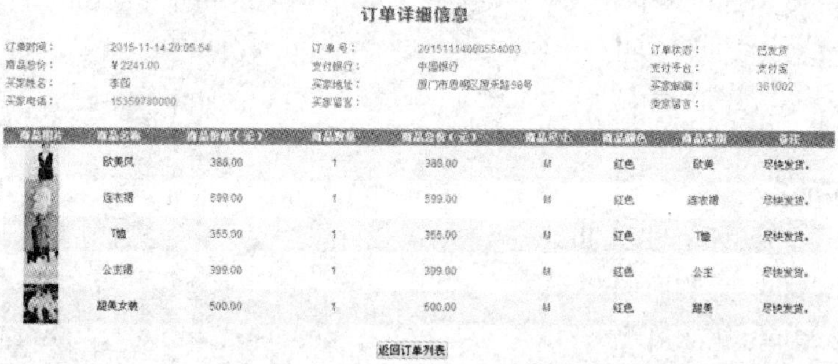

图 7-23 订单详细信息界面

1) 技术分析

订单列表使用 Repeater 控件展示，采用第三方分页控件 AspNetPager 对数据进行分页，订单详细信息页面采用 GridView 控件展示订单商品信息。

2) 实现过程

■ 订单列表 aspx 页面

```
<%@ Page    Language = "C#" AutoEventWireup = "true" CodeBehind = "
OrderList. aspx. cs" Inherits = "UI. Admin. OrderList" %>
<%@ Register Assembly = "AspNetPager" Namespace = "Wuqi. Webdiyer"
TagPrefix = "webdiyer" %>
```

```html
<!DOCTYPE html PUBLIC "-//W3C//DTD XHTML 1.0 Transitional//EN"
"http://www.w3.org/TR/xhtml1/DTD/xhtml1-transitional.dtd">
<html xmlns="http://www.w3.org/1999/xhtml">
<head runat="server">
    <title>订单列表</title>
    <link href="/Styles/Style1.css" rel="stylesheet" type="text/css" />
    <link href="/Styles/DataListStyle.css" rel="stylesheet" type="text/css" />
</head>
<body>
    <form id="form1" runat="server">
    <div class="content">
     <asp:Repeater ID="rptOrder" runat="server"
     onitemcommand="rptOrder_ItemCommand"
     onitemdatabound="rptOrder_ItemDataBound">
        <HeaderTemplate>                    <!--显示头部-->
          <table class="table">             <!--table头部声明-->
            <tr>
              <td colspan="8" style="text-align:center">
                <label class="formtitle">订单列表</label>
              </td>
            </tr>
            <tr>
              <th>订单号</th>
              <th>订购时间</th>
              <th>买家姓名</th>
              <th>订单状态</th>
              <th>买家留言</th>
              <th colspan="4">操作</th>
            </tr>
        </HeaderTemplate>
        <ItemTemplate>                      <!--数据行-->
          <tr>
            <td><%# Eval("OrderNo") %></td>
            <td><%# Eval("OrderDate") %></td>
            <td><%# Eval("BuyerName") %></td>
            <td><%# Eval("OrderState") %></td>
            <td>无</td>
            <td>
```

```aspx
    <asp:LinkButton ID="lbViewDetail" class="linkbutton"
     runat="server"
     Text="查看详细"
     CommandName="Detail"
     CommandArgument='<%# Eval("Id") %>'>
      </asp:LinkButton>
   </td>
   <td>
    <asp:LinkButton ID="lbSendProduct" class="linkbutton"
     runat="server"
     Text="发货"
     CommandName="SendProduct"
     CommandArgument='<%# Eval("Id") %>'>
      </asp:LinkButton>
</td>
<td>
    <asp:LinkButton ID="lbCancel" class="linkbutton"
     unat="server"
     Text="取消"
     CommandName="Cancel"
     CommandArgument='<%# Eval("Id") %>'>
      </asp:LinkButton>
</td>
<td>
    <asp:LinkButton ID="lbEnd" class="linkbutton"
     runat="server"
     Text="结束"
     CommandName="End"
     CommandArgument='<%# Eval("Id") %>' >
      </asp:LinkButton>
</td>
</tr>
</ItemTemplate>
<AlternatingItemTemplate>              <!--交错行-->
<tr class="alternating">
   <td><%# Eval("OrderNo") %></td>
   <td><%# Eval("OrderDate") %></td>
   <td><%# Eval("BuyerName") %></td>
   <td><%# Eval("OrderState") %></td>
```

```
            <td>无</td>
            <td>
              <asp:LinkButton ID="lbDetail" class="linkbutton"
                runat="server"
                Text="查看详细"
                CommandName="Detail"
                CommandArgument='<%# Eval("Id") %>'>
                </asp:LinkButton>
            </td>
            <td>
              <asp:LinkButton ID="lbSendProduct" class="linkbutton"
                runat="server"
                Text="发货"
                CommandName="SendProduct"
                CommandArgument='<%# Eval("Id") %>'>
                </asp:LinkButton>
            </td>
            <td>
              <asp:LinkButton ID="lbCancel" class="linkbutton"
                runat="server"
                Text="取消"
                CommandName="Cancel"
                CommandArgument='<%# Eval("Id") %>'>
                </asp:LinkButton>
            </td>
            <td>
              <asp:LinkButton ID="lbEnd" class="linkbutton"
                runat="server"
                Text="结束"
                CommandName="End"
                CommandArgument='<%# Eval("Id") %>'>
                </asp:LinkButton>
            </td>
          </tr>
        </AlternatingItemTemplate>
        <FooterTemplate>                        <!--脚注行-->
      </table>                                  <!--table尾-->
        </FooterTemplate>
</asp:Repeater>
```

```html
<div class="pageControl" style="width:500px;">
    <webdiyer:AspNetPager ID="AspNetPager1" runat="server"
        FirstPageText="首页"
        LastPageText="尾页" NextPageText="下一页"
        CssClass="pages" CurrentPageButtonClass="cpb"
        PagingButtonSpacing="0"
        onpagechanged="AspNetPager1_PageChanged"
        PrevPageText="上一页" AlwaysShow="True"
        CustomInfoHTML="共%PageCount%页 %RecordCount%条记录"
        ShowCustomInfoSection="Right">
    </webdiyer:AspNetPager>
</div>
    </div>
  </form>
 </body>
</html>
```

■ 订单列表 cs 文件

```csharp
/// <summary>
///订单管理列表
/// </summary>
public partial class OrderList : System.Web.UI.Page
{
    //创建订单业务逻辑实现类实例
    private OrderBLL orderBLL = new OrderBLL();

    protected void Page_Load(object sender, EventArgs e)
    {
        if (!this.IsPostBack)
        {
            this.AspNetPager1.RecordCount =
            orderBLL.GetTotalCount(new SortedList());
            this.BindData();
        }
    }


    /// <summary>
    ///绑定数据
    /// </summary>
    private void BindData()
```

```csharp
            SortedList queryInfo = new SortedList();
            queryInfo["recordStartIndex"] = this.AspNetPager1.StartRecordIndex;
            queryInfo["recordEndIndex"] = this.AspNetPager1.EndRecordIndex;
            this.rptOrder.DataSource = orderBLL.FindList(queryInfo);
            this.rptOrder.DataBind();
        }

        protected void rptOrder_ItemCommand(object source, RepeaterCommandEventArgs e)
        {
            string command = e.CommandName;
            string id = e.CommandArgument.ToString();
            if (command == "Detail")
            {
                Response.Redirect("OrderDetail4Seller.aspx?id=" + id);
            }
            else if (command == "SendProduct")
            {
                //更新订单状态为"已发货"
                this.UpdateOrderState(id, "已发货");
            }
            else if (command == "Cancel")
            {
                //更新订单状态为"已取消"
                this.UpdateOrderState(id, "已取消");
            }
            else if (command == "End")
            {
                //更新订单状态为"已结束"
                this.UpdateOrderState(id, "已结束");
            }
        }

        /// <summary>
        ///更新订单状态
        /// </summary>
        /// <param name="id">订单Id</param>
        /// <param name="orderState">订单状态</param>
        private void UpdateOrderState(string id, string orderState)
```

```csharp
        Order order = orderBLL.FindById(id);
        order.OrderState = orderState;
        orderBLL.Update(order);
        Utility.ShowMessage(string.Format("订单状态已更新为【{0}】",
            orderState), Request.Url.ToString());
    }

    protected void AspNetPager1_PageChanged(object sender, EventArgs e)
    {
        this.BindData();
    }

    protected void rptOrder_ItemDataBound(object sender, RepeaterItemEventArgs e)
    {
        Order order = (Order)e.Item.DataItem;
        if (order == null) return;
        LinkButton lbSendProduct = e.Item.FindControl("lbSendProduct")
            as LinkButton;
        LinkButton lbCancel = e.Item.FindControl("lbCancel") as LinkButton;
        LinkButton lbEnd = e.Item.FindControl("lbEnd") as LinkButton;
        string orderState = order.OrderState;
        //根据订单状态(待支付 待发货 已发货 已取消 已结束)判断按钮是否可用
        if (orderState == "待支付")
        {
            lbSendProduct.Enabled = false;
            lbCancel.Enabled = false;
            lbEnd.Enabled = false;
        }
        else if (orderState == "待发货")
        {
            lbSendProduct.Enabled = true;
            lbCancel.Enabled = true;
            lbEnd.Enabled = false;
        }
        else if (orderState == "已发货")
        {
            lbSendProduct.Enabled = false;
            lbCancel.Enabled = false;
```

```csharp
            lbEnd.Enabled = true;
        }
        else if (orderState == "已取消" || orderState == "已结束")
        {
            lbSendProduct.Enabled = false;
            lbCancel.Enabled = false;
            lbEnd.Enabled = false;
        }
    }
}
```

■ 订单详细信息 aspx 页面

```aspx
<%@ Page Language="C#" AutoEventWireup="true"
CodeBehind="OrderDetail4Seller.aspx.cs" Inherits="UI.Admin.OrderDetail4Seller" %>
<!DOCTYPE html PUBLIC "-//W3C//DTD XHTML 1.0 Transitional//EN"
"http://www.w3.org/TR/xhtml1/DTD/xhtml1-transitional.dtd">

<html xmlns="http://www.w3.org/1999/xhtml">
<head runat="server">
    <title>订单详细信息</title>
    <link href="/Styles/Style1.css" rel="stylesheet" type="text/css" />
</head>
<body>
    <form id="form1" runat="server">
    <div style="font-family:黑体;font-size:20px;font-weight:bolder;
    text-align:center;padding-top:10px;width:80%">
        订单详细信息
    </div>
    <br />
    <table width="80%" style="text-align:left;padding-left:10px;">
    <tr>
        <td>订单时间：</td>
        <td><asp:Label ID="lblOrderDate" runat="server"
        Text=""></asp:Label></td>
        <td>订 单 号：</td>
        <td><asp:Label ID="lblOrderNo" runat="server"
        Text=""></asp:Label></td>
        <td>订单状态：</td>
        <td><asp:Label ID="lblOrderState" runat="server"
        Text=""></asp:Label></td>
```

```html
      </tr>
      <tr>
        <td>商品总价:</td>
        <td><asp:Label ID="lblOrderTotalPrice" runat="server"
    Text="Label"></asp:Label></td>
        <td>支付银行:</td>
        <td><asp:Label ID="lblBank" runat="server"
    Text=""></asp:Label></td>
        <td>支付平台:</td>
        <td><asp:Label ID="lblPayWay" runat="server"
    Text=""></asp:Label></td>
      </tr>
      <tr>
        <td>买家姓名:</td>
        <td><asp:Label ID="lblBuyerName" runat="server"
    Text=""></asp:Label></td>
        <td>买家地址:</td>
        <td><asp:Label ID="lblBuyerAddress" runat="server"
    Text=""></asp:Label></td>
        <td>买家邮编:</td>
        <td><asp:Label ID="lblBuyerPostCode" runat="server"
    Text=""></asp:Label></td>
      </tr>
      <tr>
        <td>买家电话:</td>
        <td><asp:Label ID="lblBuyerPhone" runat="server"
    Text=""></asp:Label></td>
        <td>买家留言:</td>
        <td><asp:Label ID="lblBuyerRemark" runat="server"
    Text=""></asp:Label></td>
        <td>卖家留言:</td>
        <td><asp:Label ID="lblSellerRemark" runat="server"
    Text=""></asp:Label></td>
        <td></td>
      </tr>
    </table>
    <br/>
    <div style="text-align:center;padding-left:10px;">
      <asp:GridView ID="grvOrderDetail" runat="server" Width="80%"
```

```
AutoGenerateColumns = "False"
CellPadding = "4"
ForeColor = "#333333"
GridLines = "None" >
    < RowStyle BackColor = "#F7F6F3" ForeColor = "#333333" />
    < Columns >
        < asp:TemplateField HeaderText = "商品图片" >
            < ItemTemplate >
                < asp:Image ID = "Image1"
                runat = "server"
                ImageUrl = '<% #Eval("ProductImagePath") %>'
                Height = "40px"
                Width = "40px" />
            </ ItemTemplate >
        </ asp:TemplateField >
    < asp:BoundField DataField = "ProductName" HeaderText = "商品名称" />
    < asp:BoundField DataField = "Price"
DataFormatString = "{0:#.00}"
HeaderText = "商品价格(元)" />
    < asp:BoundField DataField = "OrderNum" HeaderText = "商品数量" />
    < asp:BoundField DataField = "TotalPrice"
DataFormatString = "{0:#.00}"
HeaderText = "商品总价(元)" />
    < asp:BoundField DataField = "Size" HeaderText = "商品尺寸" />
    < asp:BoundField DataField = "Color" HeaderText = "商品颜色" />
    < asp:BoundField DataField = "ProdcutCategoryName"
HeaderText = "商品类别" />
    < asp:BoundField DataField = "Remark" HeaderText = "备注" />
</ Columns >
< FooterStyle BackColor = "#5D7B9D" Font-Bold = "True"
ForeColor = "White" />
< PagerStyle BackColor = "#284775"
ForeColor = "White" HorizontalAlign = "Center" />
< SelectedRowStyle BackColor = "#E2DED6" Font-Bold = "True"
ForeColor = "#333333" />
< HeaderStyle BackColor = "#5D7B9D" Font-Bold = "True"
ForeColor = "White" />
< EditRowStyle BackColor = "#999999" />
< AlternatingRowStyle BackColor = "White" ForeColor = "#284775" />
```

```
            </asp:GridView>
        </div>
        <br />
        <div style="text-align:center;width:80%">
            <asp:Button ID="btnReturnOrderList"
            runat="server"
            Text="返回订单列表"
            onclick="btnReturnOrderList_Click" />
        </div>
    </form>
</body>
</html>
```

■ 订单详细信息 cs 文件

```
/// <summary>
/// 订单详细信息
/// </summary>
public partial class OrderDetail4Seller : System.Web.UI.Page
{
    //创建订单业务逻辑对象
    private OrderBLL orderBLL = new OrderBLL();

    protected void Page_Load(object sender, EventArgs e)
    {
        this.LoadOrderData();
        this.BindGrid();
    }


    /// <summary>
    /// 绑定列表
    /// </summary>
    private void BindGrid()
    {
        IList<OrderDetail> list =
        orderBLL.FindOrderDetailList(Request["id"].ToString());
        this.grvOrderDetail.DataSource = list;
        this.grvOrderDetail.DataBind();
    }


    /// <summary>
```

```csharp
///加载订单数据
/// </summary>
private void LoadOrderData()
{
    Order order = orderBLL.FindById(Request["id"].ToString());
    this.lblOrderNo.Text = order.OrderNo;
    this.lblOrderDate.Text = order.OrderDate.ToString();
    this.lblOrderState.Text = order.OrderState;
    this.lblOrderTotalPrice.Text = order.OrderTotalPrice.ToString("#0.00");
    this.lblBank.Text = order.Bank;
    this.lblPayWay.Text = order.PayWay;
    this.lblBuyerName.Text = order.BuyerName;
    this.lblBuyerPhone.Text = order.BuyerPhone;
    this.lblBuyerAddress.Text = order.BuyerAddress;
    this.lblBuyerPostCode.Text = order.BuyerPostCode;
}

/// <summary>
///返回订单列表
/// </summary>
protected void btnReturnOrderList_Click(object sender, EventArgs e)
{
    Response.Redirect("OrderList.aspx");
}
```

7.7 报表实现

在网上商城系统中,商家可以通过商品销售统计表对某个时间段的商品销售情况进行统计。界面效果图如图7-24所示。

7.7.1 UI 层实现

7.7.1.1 技术分析

(1)使用 Repeater 控件展示列表数据;

(2)使用 jquery-ui 的 datepicker 控件来进行日期的选择;

(3)通过调用统计报表业务逻辑对象(ReportBLL 类的实例)的 GetProductSaleStatData 方法获取某个时间段的商品销售统计情况。

7.7.1.2 实现过程

■ 前台 aspx 页面

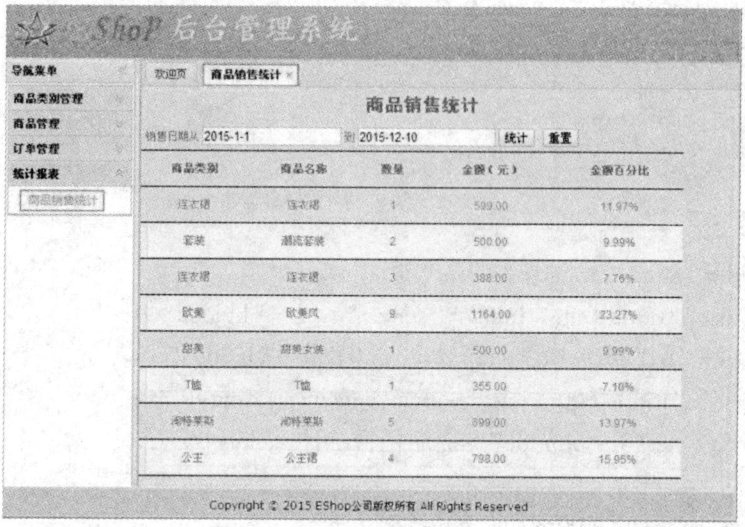

图7-24　商品销售统计界面

```
<%@ Page Language="C#" AutoEventWireup="true" CodeBehind="ProductSaleStat.aspx.cs" Inherits="UI.Admin.ProductSaleStat" %>
<!DOCTYPE html PUBLIC "-//W3C//DTD XHTML 1.0 Transitional//EN" "http://www.w3.org/TR/xhtml1/DTD/xhtml1-transitional.dtd">
<html xmlns="http://www.w3.org/1999/xhtml">
<head runat="server">
    <title>商品销售统计</title>
    <link href="/Styles/Style1.css" rel="stylesheet" type="text/css" />
    <link href="/Styles/DataListStyle.css" rel="stylesheet" type="text/css" />
    <link href="/Styles/jquery-ui.css" rel="stylesheet" type="text/css" />
    <script src="/Scripts/jquery.js" type="text/javascript"></script>
    <script src="/Scripts/jquery-ui.js" type="text/javascript"></script>
    <script type="text/javascript">
        $(function () {
            $("#txtSaleStartDate").datepicker({
                dateFormat: 'yy-mm-dd',
                onClose: function (selectedDate) {
                    $("#Content_txtStartDate").val(selectedDate);
                }
            });
            $("#txtSaleEndDate").datepicker({
                dateFormat: 'yy-mm-dd',
                onClose: function (selectedDate) {
```

```
                    $("#Content_txtEndDate").val(selectedDate);
                }
            });
        });
    </script>
</head>
<body>
    <form id="form1" runat="server">
        <input id="txtStartDate" runat="server" type="hidden" />
        <input id="txtEndDate" runat="server" type="hidden" />
        <div style="width:600px; text-align:center; padding:10px;">
            <label class="formtitle">商品销售统计</label>
        </div>
        <div style="width:600px; padding:5px;">
            <asp:Label ID="lblStartDate" runat="server" Text="销售日期从">
            </asp:Label>
            <asp:TextBox ID="txtSaleStartDate"
                ClientIDMode="Static"
                runat="server">
            </asp:TextBox>
            <asp:Label ID="lblEndDate" runat="server" Text="到">
            </asp:Label>
            <asp:TextBox ID="txtSaleEndDate"
                ClientIDMode="Static"
                runat="server">
            </asp:TextBox>
            <asp:Button ID="btnStat"
                runat="server"
                Text="统计"
                onclick="btnStat_Click"
                Width="40px" />
             
            <asp:Button ID="btnReset"
                runat="server"
                Text="重置"
                onclick="btnReset_Click"
                Width="40px" />
        </div>
        <div class="content">
```

```
<asp:Repeater ID="repProductSaleStatList" runat="server">
    <HeaderTemplate>                              <!--显示头部-->
        <table class="table" width="600px">       <!--table 头部声明-->
            <tr>
                <th>商品类别</th>
                <th>商品名称</th>
                <th>数量</th>
                <th>金额(元)</th>
                <th>金额百分比</th>
            </tr>
    </HeaderTemplate>
    <ItemTemplate>                                <!--数据行-->
        <tr align="center">
            <td><%# Eval("ProdcutCategoryName")%></td>
            <td><%# Eval("ProductName")%></td>
            <td><%# Eval("SaleCount")%></td>
            <td><%# Eval("SaleAmount")%></td>
            <td><%# Eval("SaleAmountPercent")%>%</td>
        </tr>
    </ItemTemplate>
    <AlternatingItemTemplate>                     <!--交错行-->
        <tr class="alternating" align="center">
            <td><%# Eval("ProdcutCategoryName")%></td>
            <td><%# Eval("ProductName")%></td>
            <td><%# Eval("SaleCount")%></td>
            <td><%# Eval("SaleAmount")%></td>
            <td><%# Eval("SaleAmountPercent")%>%</td>
        </tr>
    </AlternatingItemTemplate>
    <FooterTemplate>                              <!--脚注行-->
        </table>                                  <!--table 尾-->
    </FooterTemplate>
</asp:Repeater>
        </div>
    </form>
</body>
</html>
```

■ 后台 cs 文件

```
/// <summary>
```

```csharp
///商品销售统计报表
/// </summary>
public partial class ProductSaleStat : System.Web.UI.Page
{
    /// <summary>
    ///统计报表业务逻辑实现对象
    /// </summary>
    private ReportBLL reportBLL = new ReportBLL();

    protected void Page_Load(object sender, EventArgs e)
    {
        if (!this.IsPostBack)
        {
            this.InitPage();
            this.LoadData();
        }
    }

    /// <summary>
    ///加载数据
    /// </summary>
    private void LoadData()
    {
        string startDate = this.txtSaleStartDate.Text;
        string endDate = this.txtSaleEndDate.Text;
        DataTable dtResult = this.reportBLL.GetProductSaleStatData(startDate, endDate);
        //对百分比进行校正,不足或者大于100%要调整
        decimal percent = 0;
        for (int i = 0; i < dtResult.Rows.Count; i++)
        {
            if (i == dtResult.Rows.Count - 1)
            {
                dtResult.Rows[i]["SaleAmountPercent"] = 100 - percent;
            }
            else
            {
                percent += Convert.ToDecimal(dtResult.Rows[i]["SaleAmountPercent"]);
```

```csharp
        }
        this.repProductSaleStatList.DataSource = dtResult;
        this.repProductSaleStatList.DataBind();
    }

    /// <summary>
    ///初始化
    /// </summary>
    private void InitPage()
    {
        this.txtSaleStartDate.Text = new
        DateTime(DateTime.Now.Year, 1, 1).ToShortDateString();
        this.txtSaleEndDate.Text = DateTime.Now.ToShortDateString();
    }

    /// <summary>
    ///执行统计
    /// </summary>
    protected void btnStat_Click(object sender, EventArgs e)
    {
        if(! string.IsNullOrEmpty(this.txtStartDate.Value))
            this.txtSaleStartDate.Text = this.txtStartDate.Value;
        if (! string.IsNullOrEmpty(this.txtEndDate.Value))
            this.txtSaleEndDate.Text = this.txtEndDate.Value;
        this.LoadData();
    }

    /// <summary>
    ///重置
    /// </summary>
    protected void btnReset_Click(object sender, EventArgs e)
    {
        this.txtSaleStartDate.Text = this.txtStartDate.Value = string.Empty;
        this.txtSaleEndDate.Text = this.txtEndDate.Value = string.Empty;
    }
}
```

7.7.2 BLL 层实现

7.7.2.1 技术分析

通过调用统计报表数据访问对象（ReportDAL 类的实例）的 GetProductSaleStatData 方法获取某个时间段的商品销售统计情况。

7.7.2.2 实现过程

```csharp
///  < summary >
///统计报表业务逻辑实现类
///  </ summary >
public class ReportBLL
{
    ///  < summary >
    ///创建 DAL 对象
    ///  </ summary >
    private ReportDAL dal = new ReportDAL( );

    ///  < summary >
    ///商品销售统计
    ///  </ summary >
    ///  < param name = "startDate" >开始日期</ param >
    ///  < param name = "endDate" >结束日期</ param >
    ///  < returns >商品销售统计数据</ returns >
    public DataTable GetProductSaleStatData( string startDate, string endDate)
    {
        return dal.GetProductSaleStatData( startDate, endDate);
    }
}
```

7.7.3 DAL 层实现

7.7.3.1 技术分析

通过调用 SqlHelper 对象（SqlHelper 类的实例）的 ExecuteDataTable 方法，调用存储过程来获取统计数据。

7.7.3.2 实现过程

```csharp
///  < summary >
///报表数据访问类
///  </ summary >
public class ReportDAL
{
    ///  < summary >
```

```csharp
///创建 SqlHelper 对象
/// </summary>
private SqlHelper sqlHelper = new SqlHelper();

/// <summary>
///商品销售统计
/// </summary>
/// <param name="startDate">开始日期</param>
/// <param name="endDate">结束日期</param>
/// <returns>商品销售统计数据</returns>
public DataTable GetProductSaleStatData(string startDate, string endDate)
{
    try
    {
        DataTable dtResult = sqlHelper.ExecuteDataTable(CommandType.StoredProcedure, "P_GetProductSaleStatData", new SqlParameter("@startDate", startDate), new SqlParameter("@endDate", endDate));
        return dtResult;
    }
    catch (Exception ex)
    {
        throw ex;
    }
    finally
    {
        sqlHelper.Close();
    }
}
```

第8章　测试阶段

软件测试，描述一种用来促进鉴定软件的正确性、完整性、安全性和质量的过程。换句话说，软件测试是一种实际输出与预期输出间的审核或者比较过程。软件测试的经典定义是：在规定的条件下对程序进行操作，以发现程序错误，衡量软件质量，并对其是否能满足设计要求进行评估的过程。

8.1　测试工具

8.1.1　测试工具的分类

按照测试工具所完成的任务，一般将测试工具分为以下几大类：白盒测试工具、黑盒测试工具、负载测试工具、测试管理工具几个大类。

8.1.1.1　白盒测试工具

白盒测试工具一般是针对代码进行测试的，测试中发现的缺陷可以定位到代码级，根据测试工具原理的不同，又可以分为静态测试工具和动态测试工具。

1）静态测试工具

静态测试工具直接对代码进行分析，不需要运行代码，也不需要对代码编译链接，生成可执行文件。静态测试工具一般是对代码进行语法扫描，找出不符合编码规范的地方，根据某种质量模型评价代码的质量，生成系统的调用关系图等。

静态测试工具的代表有 Telelogic 公司的 Logiscope 软件、PR 公司的 PRQA 软件。

2）动态测试工具

动态测试工具与静态测试工具不同，动态测试工具一般采用"插桩"的方式，向代码生成的可执行文件中插入一些监测代码，用来统计程序运行时的数据。其与静态测试工具最大的不同就是动态测试工具要求被测系统实际运行。

动态测试工具的代表有 Compuware 公司的 DevPartner 软件、Rational 公司的 Purify 系列。

8.1.1.2　黑盒测试工具

黑盒测试工具也被称为功能测试工具。现在发展得已经较为成熟，像 Mercury Interactive 公司的 WinRunner, Rational 公司的 Robot，都是被广泛使用的功能测试工具。

功能测试工具最能体现测试自动化的理论，通常也称为功能测试自动化工具。多用于确认测试阶段及其对应的回归测试中，其测试对象多为拥有图形用户界面的应用程序。

一个成熟的功能测试工具是自动化程度较高的，主要包括以下几个基本功能：录制和回放、检验、可编程。

8.1.1.3 负载测试工具

负载测试工具的主要目的是度量应用系统的可扩展性和性能,是一种预测系统行为和性能的自动化测试工具。

经常进行的性能测试包括:
- 系统能承受多大程度的并发操作;
- 系统在网络较为拥挤的情况下能否继续工作;
- 系统在内存、处理器等资源紧张的情况下是否会发生错误等。

目前普遍使用的负载测试工具有 QALoad、LoadRunner 等,其中以 LoadRunner 为首选。

8.1.1.4 测试管理工具

测试管理工具用于对测试进行管理。一般而言,测试管理工具对测试计划、测试用例、测试实施进行管理,并且,测试管理工具还包括对缺陷的跟踪管理。

测试管理工具的代表有 Rational 公司的 Test Manager、Compureware 公司的 TrackRecord 等软件。

8.1.2 测试工具的使用

8.1.2.1 白盒测试工具

在白盒测试中,最典型的测试是对代码进行单元测试,通过单元测试要验证被测单元的功能实现是否正确。

在 VS2010 中,单元测试是功能很强大,使得建立单元测试和编写单元测试代码,以及管理和运行单元测试都变得简单起来,通过私有访问器对私有方法也能进行单元测试,并且支持数据驱动的单元测试。

因此,VS2010 既是系统开发平台,又是单元测试工具。

8.1.2.2 黑盒测试工具

Watit 是一款 Web 自动化测试工具,全称为"Web Application Testing In. Net",是由 Jeroen van Menen 在 2005 创建并开发的一个开源项目。他开发 WaitN 的目的是为了替代当时在公司使用的商业工具,之后在应用中取得了巨大的成功,并且当时缺少一款免费且好用的基于.Net 的 Web 测试工具,所以最后他决定把这个项目开源。WatiN 项目创建之后得到了广泛的使用。由于 WaitN 是基于.Net 开发的,如果公司开发项目的环境是.Net 的话,选择 WaitN 作为测试工具可以更好地与现有项目集成,缩短学习周期,是个不错的选择。

下面是 WaitN 的主要功能:
- 支持 AJAX 站点测试;
- 支持 Web 页面截图;
- 支持 frames 和 iframes;
- 可以处理 alert,confirm 之类的弹出提示框;
- 支持 HTML 对话框;
- 可以很容易地与现有的单元测试工具集成;
- 支持 IE6,7,8,9 以及 Firefox 2,3 浏览器;
- 代码开源,可以二次开发适合自己的功能。

8.1.2.3 负载测试工具

LoadRunner，是一种预测系统行为和性能的负载测试工具。通过以模拟上千万用户实施并发负载及实时性能监测的方式来确认和查找问题，使用 LoadRunner 能最大限度地缩短测试时间，优化性能和加速应用系统的发布周期。

LoadRunner 可适用于各种体系架构的自动负载测试，能预测系统行为并评估系统性能。

8.1.2.4 测试管理工具

禅道测试管理工具，是一个功能比较全面的测试管理工具，功能涵盖软件研发的全部生命周期，为软件测试和产品研发提供一体化的解决方案。

8.2 测试计划

8.2.1 概述

测试计划，描述了要进行的测试活动的范围、方法、资源和进度的文档；是对整个信息系统应用软件组装测试和确认测试。它确定测试项、被测特性、测试任务、谁执行任务、各种可能的风险。测试计划可以有效预防计划的风险，保障计划的顺利实施。

8.2.2 测试范围与主要内容

系统测试小组应当根据项目的特征确定测试范围与内容。一般地，系统测试的主要内容包括功能测试、健壮性测试、性能测试、用户界面测试、安全性(security)测试、安装与反安装测试等。

8.2.3 测试方法

测试方法有黑盒测试和白盒测试等。

8.2.4 测试环境与测试辅助工具

测试环境是指为了完成软件测试工作所必需的计算机硬件、软件、网络设备、历史数据的总称，在测试计划中要描述测试时的硬件环境、系统软件环境、已安装的基本软件、待测试的软件以及准备的数据、测试工具等。

测试辅助工具，描述测试用到的专项测试辅助工具软件，例如常见 Wily Introscope 软件。

8.2.5 测试完成准则

对于非严格系统可以采用"基于测试用例"的准则：
(1) 功能性测试用例通过率达到 100%；
(2) 非功能性测试用例通过率达到 95%。

对于严格系统，应当补充"基于缺陷密度"的规则：
(3) 相邻 n 个 CPU 每小时内"测试期缺陷密度"全部低于某个值 m。例如 n 大于 10，m 小于等于 1。

8.2.6 人员与任务表

在测试计划中不需要设计表格,用来描述测试人员及相关任务表,在表格中记录参与测试的人员名单,每个参与测试的人员的角色是什么(例如,普通用户、系统管理员、系统开发人员等的)以及每个参与人员的具体职责、主要参与测试的任务,参加测试的时间等,如下表所示。

人员	角色	职责、任务	时间

8.2.7 缺陷管理与改错计划

根据所采用的缺陷管理工具确定:①缺陷管理流程;②改错流程。

8.3 系统测试

8.3.1 概述

系统测试(System Test,ST)的目的是对最终软件系统进行全面的测试,确保最终软件系统满足产品需求并且遵循系统设计。

系统测试的总体流程如图 8-1 所示。

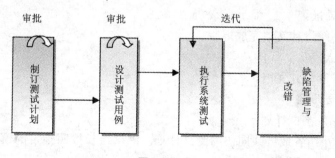

图 8-1

项目经理设法组建富有成效的系统测试小组。系统测试小组的成员主要来源于：

（1）机构独立的测试小组（如果存在的话）。

（2）邀请其他项目的开发人员参与系统测试。

（3）本项目的部分开发人员。

（4）机构的质量保证人员。

系统测试小组应当根据项目的特征确定测试内容。一般地，系统测试的主要内容包括：

（1）功能测试。即测试软件系统的功能是否正确，其依据是需求文档，如《产品需求规格说明书》。由于正确性是软件最重要的质量因素，所以功能测试必不可少。

（2）负载测试。即测试软件系统处理事务的速度，一是为了检验性能是否符合需求；二是为了得到某些性能数据供人们参考（例如用于宣传）。

（3）用户界面测试。重点是测试软件系统的易用性和视觉效果等。

（4）安全性测试。是指测试软件系统防止非法入侵的能力。"安全"是相对而言的，一般地，如果黑客为非法入侵花费的代价（考虑时间、费用、危险等因素）高于得到的好处，那么这样的系统可以认为是安全的。

（5）安装与反安装测试。

系统测试过程域产生的主要文档有：

（1）系统测试计划；

（2）系统测试用例；

（3）系统测试报告；

（4）缺陷管理报告。

8.3.2 系统测试规程

8.3.2.1 目的

对最终软件系统进行全面的测试，确保最终软件系统满足产品需求并且遵循系统设计。

8.3.2.2 角色与职责

（1）项目经理组建系统测试小组，并指定一名成员任测试组长。

（2）系统测试小组各成员共同制订测试计划、设计测试用例、执行测试，并撰写相应的文档。测试组长管理上述事务。

（3）开发人员及时消除测试人员发现的缺陷。

8.3.2.3 启动准则

产品需求和系统设计文档完成之后。

8.3.2.4 输入

输入系统需求和设计文档。

8.3.2.5 主要步骤

Step1：制订系统测试计划

（1）系统测试小组各成员共同协商测试计划。测试组长按照指定的模板起草《系统测试计划》。该计划主要包括：

①测试范围（内容）；

②测试方法；

③测试环境与辅助工具；

④测试完成准则；

⑤人员与任务表。

(2)项目经理审批《系统测试计划》。该计划被批准后，转向 Step2。

Step2：设计系统测试用例

(1)系统测试小组各成员依据《系统测试计划》和指定的模板，设计(撰写)《系统测试用例》。

(2)测试组长邀请开发人员和同行专家，对《系统测试用例》进行技术评审。该测试用例通过技术评审后，转向 Step3。

Step3：执行系统测试

(1)系统测试小组各成员依据《系统测试计划》和《系统测试用例》执行系统测试。

(2)将测试结果记录在《系统测试报告》中，用"缺陷管理工具"来管理所发现的缺陷，并及时通报给开发人员。

Step4：缺陷管理与改错

(1)从 Step1 至 Step3，任何人发现软件系统中的缺陷时都必须使用指定的"缺陷管理工具"。该工具将记录所有缺陷的状态信息，并可以自动产生《缺陷管理报告》。

(2)开发人员及时消除已经发现的缺陷。

(3)开发人员消除缺陷之后应当马上进行回归测试，以确保不会引入新的缺陷。

8.3.2.6 输出

(1)消除了缺陷的最终软件系统；

(2)系统测试用例；

(3)系统测试报告；

(4)缺陷管理报告。

8.3.2.7 结束准则

(1)对于非严格系统可以采用"基于测试用例"的准则：

①功能性测试用例通过率达到 100%；

②非功能性测试用例通过率达到 80%。

(2)对于严格系统，应当补充"基于缺陷密度"的规则：

相邻 n 个 CPU 每小时内"测试期缺陷密度"全部低于某个值 m。例如 n 大于 10，m 小于或等于 1。

(3)本规程所有文档已经完成。

8.3.2.8 度量

测试人员和开发人员统计测试和改错的工作量、文档的规模以及缺陷的个数与类型，并将此度量数据汇报给项目经理。

8.3.3 实施建议

(1)对系统测试人员进行必要的培训，提高他们的测试效率。

(2)项目经理和测试小组根据项目的资源、时间等限制因素，设法合理地减少测试的工作量，例如减少"冗余或无效"的测试。

（3）系统测试小组根据产品的特征，可以适当地修改本规范的各种文档模板。

（4）对系统测试过程中产生的所有代码和有价值的文档进行配置管理。

（5）为了调动测试者的积极性，建议企业或项目设立奖励机制，例如：根据缺陷的危害程度把奖金分等级，每个新缺陷对应一份奖金，把奖金发给第一个发现该缺陷的人。

8.4 测试报告

8.4.1 概述

测试报告就是把测试的过程和结果写成文档，对发现的问题和缺陷进行分析，为纠正软件系统存在的质量问题提供依据，同时为软件验收和交付打下基础。

8.4.2 测试报告格式

<u>　　　　　</u>系统测试报告

8.4.2.1 基本信息

测试计划的来源	
测试用例的来源	
测试对象描述	
测试环境描述	
测试驱动程序描述	
测试人员	
测试时间	
⋮	

8.4.2.2 测试记录

测试用例名称	测试结果	缺陷严重程度

8.4.2.3 分析与建议

对测试结果进行分析，提出建议。

8.4.2.4 缺陷修改记录

如果采用了缺陷管理工具，能自动产生缺陷报表的话，则无需本表。

缺陷名称	原因	修改人	修改时间	回归测试？

第 9 章 收尾阶段

9.1 安装制作

在应用软件系统开发完成后,如何方便、快速地部署到客户提供的服务器上,是一个亟待解决的问题。通过 InstallShield、HofoSetup 等安装制作软件可以方便地制作软件安装包,Visual Studio 2010 也提供了 Web 安装程序的制作功能,依托软件安装包,我们可以快速把应用软件系统部署到客户的服务器上。

下面介绍如何就 Visual Studio 2010 提供的 Web 安装程序制作软件安装包。

9.1.1 准备工作

网上商城系统使用的数据库管理系统为 Microsoft SQL Server 2008,Web 服务器为 IIS 7.0。在系统部署前,请做好以下准备工作:

1)数据库管理系统安装检查
(1)数据库管理系统 Microsoft SQL Server 是否有安装?
(2)Microsoft SQL Server 是否为 2008 或以上版本?
2)Web 服务器安装检查
(1)IIS 是否有安装?
(2)IIS 是否为 6.0 或以上版本?

9.1.2 使用 Visual Studio 2010 制作安装程序

9.1.2.1 新建 Web 安装项目

在解决方案中,右击解决方案名称,点击【添加】->【新建项目】,弹出【添加新项目】对话框,选择【其他项目类型】->【安装和部署】->【Visual Studio Installer】->【Web 安装项目】,输入项目名称,如图 9-1 所示。

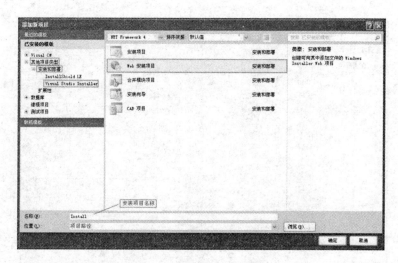

图 9-1 新建 Web 安装项目

9.1.2.2 添加"项目输出"

右击安装项目，选择【添加】->【项目输出】，依次添加 UI 项目的"主输出"和"内容文件"，如图 9-2 所示。

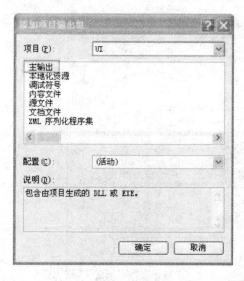 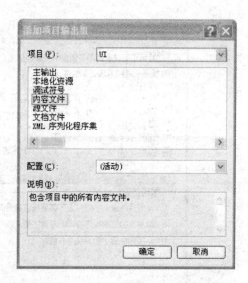

图 9-2 "添加项目输出"

9.1.2.3 添加"系统必备"

右击项目，单击【属性】，打开属性对话框，如图 9-3 所示。

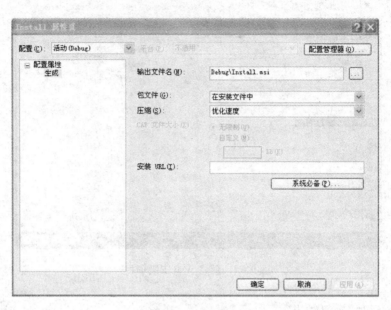

图 9-3 属性对话框

点击【系统必备】，打开系统必备对话框如图 9-4 所示。

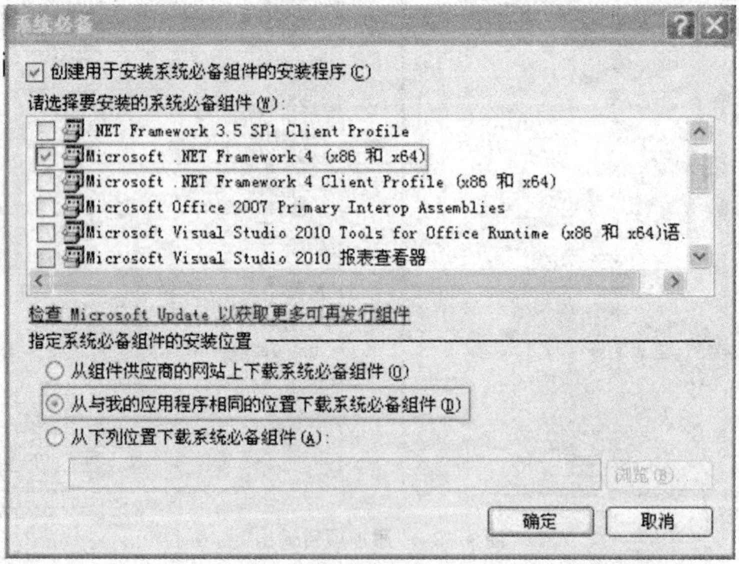

图 9-4 系统必备对话框

选择打包程序需要包含的组件，主要是 .Net Framework，在此选择 Microsoft. Net Framework 4（×86 和 ×64），同时【指定系统必备组件的安装位置】选择第二项，可以将选择的组件加入到安装包中。

9.1.2.4 设置"启动条件"

右击项目,选择【视图】->【启动条件】,如图 9-5 所示。

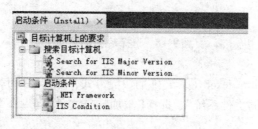

图 9-5 选择启动条件

设置.NET Framework 启动条件属性 Version 为.NET Framework 4,如图 9-6 所示。

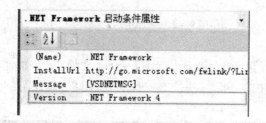

图 9-6 设置.NET Framework 启动属性

设置 IIS Condition 启动条件属性 Condition 为 IISMAJORVERSION >= "#6",如图 9-7 所示。

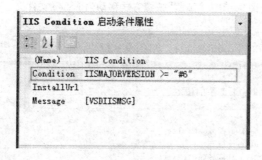

图 9-7 IIS Condition 启动条件属性

9.1.2.5 设置项目属性

点击安装项目,更改 Author、Manufacturer 为公司名称,比如: EShop Co. Ltd.,修改 ProductName 为 EShop。

9.1.2.6 添加卸载程序

右击项目,选择【视图】->【文件系统】,如图 9-8 所示。

右击"Web 应用程序文件夹",选择【添加】->【文件】,添加"C:\WINDOWS\system32\

图9-8 选择系统文件

msiexec.exe"文件,并创建 msiexec.exe 文件的快捷方式,命名为"卸载"。

右击"目标计算机上的文件系统",选择【添加特殊文件夹】->【用户的"程序"】,如图9-9所示。

图9-9 添加用户的"程序"

右击"用户的"程序"菜单",选择【添加】->【文件夹】,添加"EShop"文件夹,并将"Web 应用程序文件夹"中的"卸载"快捷方式移动到"用户"程序"菜单/EShop"文件夹下,如图9-10所示。

图9-10 "卸载"快捷方式移动到 EShop 文件夹

查看并复制安装程序的 ProductCode,如图9-11所示。

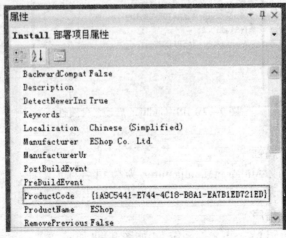

图9-11 查看并复制安装程序的 ProductCode

设置"卸载"快捷方式的 Arguments 属性为 /x ｛ProductCode｝，如图 9-12 所示。

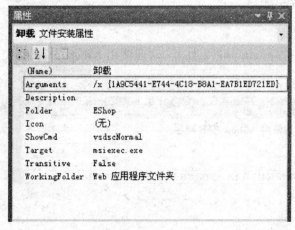

图 9-12 设置"卸载"快捷方式的 Arguments 属性

9.1.2.7 编译生成安装文件
右击安装项目并进行生成，生成结果如图 9-13 所示。

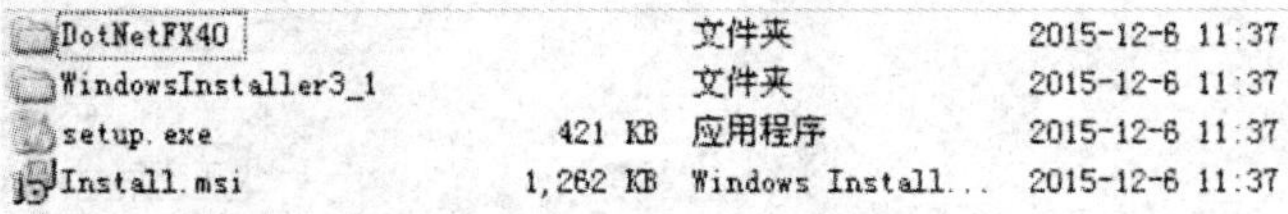

图 9-13 编译生成安装文件

其中，Install. msi 为制作好的安装程序文件，DotNetFX40 为. Net Framework 4.0 安装程序。

9.1.3 安装完成后的配置

9.1.3.1 创建 EShop 数据库
在 Sql Sever 查询分析器中执行数据库脚本文件创建 EShop 数据库。

9.1.3.2 配置数据库连接字符串
在 UI 项目的 Web. Config 中配置数据库连接字符串，参考配置如图 9-14 所示。

```
<?xml version="1.0"?>
<configuration>
  <connectionStrings>
    <add name="Conn"
         connectionString="Server = .;
                           Database = EShop;
                           User ID = sa;
                           Password = 123456;"/>
  </connectionStrings>
</configuration>
```

图 9-14 参考设置

9.1.4　安装完成后的测试

9.1.4.1　安装测试

双击安装程序文件"Install.msi",打开"欢迎使用 EShop 安装向导"对话框,如图 9-15 所示。

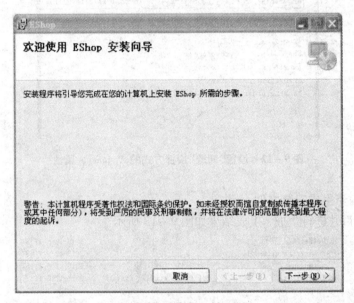

图 9-15　"欢迎使用 EShop 安装向导"对话框

点击【下一步】,打开"选择安装地址"对话框,如图 9-16 所示。

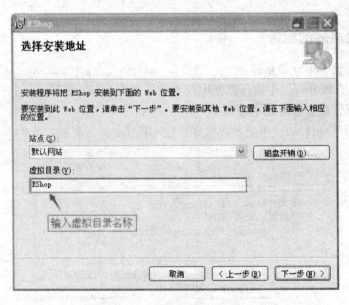

图 9-16　"选择安装地址"对话框

继续点击【下一步】,打开"确认安装"对话框,如图 9-17 所示。

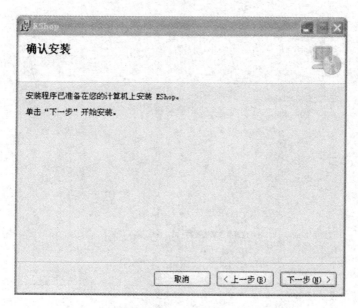

图 9-17 "确认安装"对话框

继续点击【下一步】,打开"正在安装 EShop"对话框,如图 9-18 所示。

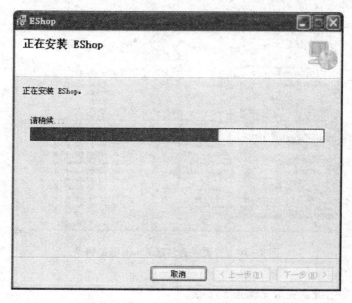

图 9-18 "正在安装 EShop"对话框

安装完成,如图 9-19 所示。

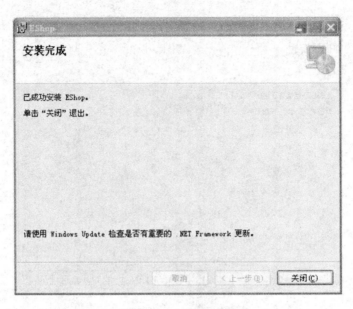

图 9-19 "安装完成"界面

在 IIS 中查看是否有创建 EShop 虚拟目录,如图 9-20 所示。

图 9-20 查看是否创建 EShop 虚拟目录

通过安装程序已成功完成 EShop 的安装。

9.1.4.2 卸载测试

通过【开始】->【程序】->【EShop】->【卸载】对已安装的 EShop 进行卸载，如图 9 - 21 所示。

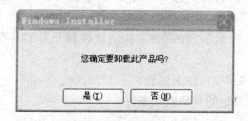

图 9 - 21 卸载确认提示框

选择【是】，开始卸载，如图 9 - 22 所示。

图 9 - 22 正在卸载

完成 EShop 的卸载。

9.2 系统验收

系统验收，也称范围核实或移交（Cutover）。它是核查项目计划规定范围内各项工作或活动是否已经全部完成，可交付成果是否令人满意，并将核查结果记录在验收文件中的一系列活动。

9.2.1 验收目的

为使信息化项目建设按照标准要求进行，确保项目完工后达到有关要求和标准，并能正常投入运行，必须进行系统验收。

9.2.2 验收对象

参与系统建设的企业或者单位。

9.2.3 系统验收的前提条件

（1）所有建设项目按照合同要求全部建成，并满足使用要求；
（2）各个分项工程全部验收合格；
（3）已通过软件确认测试评审；

(4) 已通过软件系统测试评审;
(5) 软件已置于配置管理之下;
(6) 各种技术文档和验收资料完备,符合合同的内容;
(7) 系统建设和数据处理符合信息安全的要求,涉密信息系统需提供主管部门验收的合格证书;
(8) 外购的操作系统、数据库、中间件、应用软件和开发工具符合知识产权相关政策法规的要求;
(9) 经过相关主管部门和项目业主同意;
(10) 合同或合同附件规定的其他验收条件。

9.2.4 验收方法

项目验收是项目开发建设中有组织的主动性行为,它是对项目建设高度负责的体现,也是项目建设成功的重要保证。切实做好项目建设中的验收工作至关重要,应当采取有效措施,实实在在做好。为保证项目验收质量,针对不同的验收内容,在实施验收操作中,可以采取以下不同的方法:

1) 登记法

对项目中所设计的所有硬件、软件和应用程序一一登记,特别是硬件使用手册、软件使用手册、应用程序各种技术文档等一定要登记造册,不可遗漏,并妥善保管。对项目建设中根据实际进展情况双方同意后修订的合同条款、协调发展建设中的问题进行登记。

2) 对照法

对照检查项目各项建设内容的结果是否与合同条款及项目方案一致。

3) 操作法

这是项目建设最主要的验收方法。首先,对于项目系统硬件,验证其是否与硬件提供的技术性能相一致;其次,运行项目软件系统,检验其管理硬件及应用软件的实际能力是否与合同规定的一致;再次,运行应用软件,实际操作,处理业务,检查是否与合同规定的一致,达到了预期的目的。

9.2.5 验收步骤

1) 需求分析

项目监理单位组织人员对项目进行验收需求分析,针对项目验收,监理单位需配备 2 名有经验的工程师和一名行业专家来组成项目团队,负责具体工作。

2) 编写验收方案(计划书)

项目监理单位在对项目进行深入的需求分析的基础上编写验收方案(计划书),提交业主单位审定。

3) 成立项目验收小组

实施测试验收工作时,应当成立项目验收小组,具体负责验收事宜。

4) 项目验收的实施

严格按照验收方案对项目应用软件、网络集成效果、系统文档资料等进行全面的测试和验收。

5）提交验收报告

项目验收完毕，对项目系统设计、项目建设情况、项目硬件设备使用情况、软件运行情况等做出全面的评价，得出结论性意见，对不合格的项目不予验收，对遗留问题提出具体的解决意见。

6）召开项目验收评审会

召开由验收委员会全体成员参加的项目验收评审会，全面细致地审核项目验收小组所提交的验收报告，给出最终的验收意见，形成验收评审报告提交项目业主存档。

9.2.6 验收程序

验收程序总体流程图如图 9-23 所示。

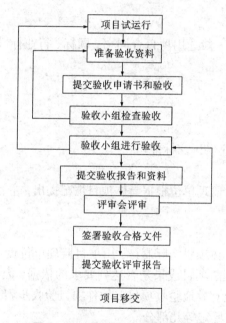

图 9-23 验收程序总体流程图

9.2.6.1 初验

(1) 申请：项目完工后经测试和试运行合格，系统建设的企业或单位根据合同、招标书、计划任务书，检查、总结项目完成情况后向业主提出初验申请。

(2) 方式：项目业主组织监理、系统建设的企业或单位进行初验。

(3) 验收评审材料：系统建设的企业或单位提供初验申请书、完工报告、项目总结等验收评审资料。

9.2.6.2 终验

(1) 申请：初验合格后，项目业主根据合同、招标书、任务书，检查、总结项目实施和完成情况后向主管部门提出验收申请。

(2) 经过审核，材料齐全则由主管部门组织验收。

验收工作分为两个步骤：验收小组验收和验收评委会评审。由验收小组共同确定验收时间、评审时间及其他安排。
- 验收小组验收

验收小组一般由 5~8 人组成，成员由主管部门和项目业主的管理人员、监理单位专业技术人员共同完成。验收时参照相关验收内容及标准进行，验收后必须提交验收报告。

- 验收委员会评审

验收委员会一般由 8~15 人组成，成员由验收小组及主管部门、项目业主和监理单位的领导、专家等组成。验收委员会评审一般采取会议评议方式进行，听取验收总结报告说明、验收小组验收结果及意见，通过评审提交验收评审报告。

- 验收签字

经过验收、评审形成的验收报告和评审报告，验收委员会成员签字。

9.2.7 验收依据

作为项目验收的依据，一般选用项目合同书、国标、行业标准和相关政策法规、国际惯例等。

1）项目合同书

签定的项目有关合同。

2）国家标准

硬件、软件、布线、安全等国家标准。

3）其他

具体验收标准和依据由监理单位根据具体项目情况提出，主管部门和项目业主审定。

9.2.8 验收内容和标准

验收内容和标准根据具体项目实际制订，由项目监理单位负责编写，主管部门和项目业主审定。项目验收标准是判断项目成果是否达到要求的依据，因而应具有科学性和权威性，只有制订科学的标准，才能有效地验收项目。软件项目验收步骤一般包括提供验收内容，测试（复核）、资料评审、质量鉴定等几部分。

具体验收包括以下相关部分：

（1）提供的验收内容一般包括按功能要求的可执行软件、开发计划文档、详细设计文档、质量保证计划、设备相应附件、设备运行、网络运行等说明文档；

（2）验收评测工作主要包括：文档分析、方案制订、现场测试、问题单提交、测试报告。

（3）验收测试内容主要包括：功能度、安全可靠性、易用性、可扩充性、兼容性、效率、资源占用率、用户文档。

（4）文档验收标准一般包括：文档完备性、内容针对性、内容充分性、内容一致性、文字明确性、图表详实性、易读性、文档价值等。

（5）软件、硬件验收标准要符合国家和相关标准。

需要评审的资料包括以下几个部分：

（1）基础资料：招标书、投标书、有关合同、有关批复文件、系统设计说明书、系统功能说明书、系统结构图、项目详细实施方案。

（2）项目完工资料：项目开工报告、项目实施报告、测试报告、操作使用说明书、售后服务保证文件、培训文档、其他文件。

(3)软件开发文档：需求说明书、概要设计说明书、详细设计说明书、数据库设计说明书、测试计划、测试报告、用户操作手册。

(4)软件开发管理文档：项目计划书、质量控制计划、配置管理计划、用户培训计划、会议记录等。

9.2.9 验收结论

验收结果分为：验收合格、需要复议和验收不合格三种。符合信息化项目建设标准、系统运行安全可靠、任务按期保质完成、经费使用合理的，视为验收合格；由于提供材料不详难以判断，或目标任务完成不足80%而又难以确定其原因等导致验收结论争议较大的，视为需要复议。

1)验收不合格

项目凡具有下列情况之一的，按验收不合格处理：

(1)未按项目考核指标或合同要求达到所预定的主要技术指标的；

(2)所提供材料不齐全或不真实的；

(3)项目的内容、目标或技术路线等已进行了较大调整，但未曾得到相关单位认可的；

(4)实施过程中出现重大问题，尚未解决和作出说明，或项目实施过程及结果等存在纠纷尚未解决的；

(5)没有对系统或设备进行试运行，或者运行不合格；

(6)项目经费使用情况审计发现问题的；

(7)违犯法律、法规的其他行为。

2)验收结论确认和处理

由主管单位同相关部门根据验收评审报告和相关资料得出结论，并进行确认。

3)项目验收结论的处理

(1)验收结论为验收合格的，项目业主将全部验收材料同意装订成册并连同相应的电子文档分别报主管部门及相关部门备案。

(2)验收结论需要复议的，主管部门以书面形式通知建设单位在三个月内补充有关材料或者进行相关说明。

(3)验收结论为验收不合格的，主管部门以书面形式通知项目业主和设计、施工单位，限期整改，整改后试运行合格的，项目业主重新申请验收。

(4)未通过验收的信息化项目，不得交付使用。

9.2.10 系统交接

系统验收合格后，应办理系统交接手续。系统的移交包括实体移交和项目文件移交部分。

9.3 系统运维

在系统验收后，要把系统的使用与管理移交给用户，为保障系统正常运行，参与系统建设的公司或者单位需要提供技术支持和售后服务，即系统运维。

9.3.1 服务与响应时间承诺

对网上商城系统，在系统运维有效期内提供以下服务承诺：

（1）对软件与系统集成提供一年保证期。在保证期内，若软件系统或者硬件等发生故障或事故，承诺技术人员提供小于 1 小时（含）的服务响应时间，并小于 2 小时（含）到达现场的上门服务，7×24 小时电话远程排除故障服务。如果是硬件原因造成的系统故障，将免费配合硬件供应商，直至系统修复。

（2）为保证能响应上述故障响应时限的要求，成立专门的运维小组。

9.3.2 系统运维的内容与范围

（1）负责软件系统的定制化开发、实施、安装调试、测试等。
（2）对客户提出系统相关问题提供技术咨询和指导。
（3）解决客户提出系统疑难问题和系统突发故障。

9.3.3 运维方式

9.3.3.1 现场服务

在系统运维有效期内，当因紧急情况需要现场服务时，技术工程师将到用户现场提供技术支持，排除系统故障或者协助客户处理疑难问题。

9.3.3.2 远程服务

充分发挥网络通信化服务的优势，通过电话、邮件、QQ 提供远程服务。

9.3.4 运维小组

成立专门的系统运维小组，负责系统的运维。

序号	姓名	职位	联系方式
1			
2			

参考文献

[1] 百度百科. 关于. NET 框架[EB/OL]. (2015-10-25) http://baike.baidu.com/
[2] 胡学钢. C#应用开发与实践[M]. 北京:人民邮电出版社,2012.
[3] 李春葆. C#程序设计教程[M]. 北京:清华大学出版社,2010.
[4] 张海藩. 软件工程导论(第5版)[M]. 北京:清华大学出版社,2008.
[5] 刘乃琦. ASP. NET 应用开发与实践[M]. 北京:人民邮电出版社,2012.
[6] 百度百科. ADO. NET[EB/OL]. (2015-11-25) http://baike.baidu.com/

图书在版编目（CIP）数据

.NET 项目开发教程／余秋明主编. --长沙：中南大学出版社，2017.7
ISBN 978-7-5487-2881-8

Ⅰ.①N… Ⅱ.①余… Ⅲ.①网页制作工具—程序设计—教材 Ⅳ.①TP393.092.2

中国版本图书馆 CIP 数据核字(2017)第 175844 号

.NET 项目开发教程
.NET XIANGMU KAIFA JIAOCHENG

余秋明　主编

□责任编辑	胡小锋
□责任印制	易建国
□出版发行	中南大学出版社
	社址：长沙市麓山南路　　邮编：410083
	发行科电话：0731-88876770　　传真：0731-88710482
□印　　装	长沙市宏发印刷有限公司
□开　　本	787×1092　1/16　□印张 20.75　□字数 528 千字
□版　　次	2017 年 7 月第 1 版　□2017 年 7 月第 1 次印刷
□书　　号	ISBN 978-7-5487-2881-8
□定　　价	59.00 元

图书出现印装问题，请与经销商调换